Calibração de Sensores Orbitais

Flávio Jorge Ponzoni
Cibele Teixeira Pinto
Rubens Augusto Camargo Lamparelli
Jurandir Zullo Junior
Mauro Antonio Homem Antunes

Copyright © 2015 Oficina de Textos

Grafia atualizada conforme o Acordo Ortográfico da Língua Portuguesa de 1990, em vigor no Brasil desde 2009.

CONSELHO EDITORIAL Cylon Gonçalves da Silva; Doris C. C. K. Kowaltowski; José Galizia Tundisi; Luis Enrique Sánchez; Paulo Helene; Rozely Ferreira dos Santos; Teresa Gallotti Florenzano

Capa MALU VALLIM
Projeto gráfico MALU VALLIM E MARIA LÚCIA RIGON
Preparação de figuras e diagramação MARIA LÚCIA RIGON
Preparação de texto HÉLIO HIDEKI IRAHA
Revisão de texto CAROLINA A. MESSIAS
Impressão e acabamento VIDA & CONSCIÊNCIA

Dados Internacionais de Catalogação na Publicação (CIP)
(Câmara Brasileira do Livro, SP, Brasil)

Calibração de sensores orbitais / Flávio Jorge Ponzoni...[et al.]. -- São Paulo : Oficina de Textos, 2015.

Outros autores: Cibele Teixeira Pinto, Rubens Augusto Camargo Lamparelli, Jurandir Zullo Junior, Mauro Antonio Homem Antunes

Bibliografia
ISBN 978-85-7975-167-7

1. Calibração 2. Engenharia - Instrumentos 3. Pesquisa geográfica 4. Satélites artificiais em sensoriamento remoto 5. Sensoriamento remoto - Imagens I. Ponzoni, Flávio Jorge. II. Pinto, Cibele Teixeira. III. Lamparelli, Rubens Augusto Camargo. IV. Zullo Junior, Jurandir. V. Antunes, Mauro Antonio Homem.

15-01011 CDD-621.3678

Índices para catálogo sistemático:
1. Sensoriamento remoto : Tecnologia 621.3678

Todos os direitos reservados à OFICINA DE TEXTOS
Rua Cubatão, 959 CEP 04013-043 São Paulo-SP – Brasil
tel. (11) 3085 7933 fax (11) 3083 0849
site: www.ofitexto.com.br
e-mail: atend@ofitexto.com.br

Sumário

Introdução 5

1 Conceitos radiométricos 9

2 Funcionamento de um sensor 20

3 A radiometria em uma imagem orbital 26

4 Calibração: conceito e como é realizada 31
    4.1 Identificação de uma superfície de referência 37
    4.2 Escolha do radiômetro ou espectrorradiômetro 39
    4.3 Correção atmosférica 41
    4.4 Pré-processamento das imagens geradas pelo sensor a ser calibrado 45

5 As etapas de uma missão de calibração absoluta de um sensor orbital em voo 49

6 Estimativas de incertezas 56
    6.1 Avaliação do tipo A da incerteza 57
    6.2 Avaliação do tipo B da incerteza 58
    6.3 Incerteza final 58
    6.4 Propagação das incertezas 59
    6.5 Procedimentos para a avaliação das incertezas 61

Calibração do sensor Thematic Mapper, do satélite Landsat 5.....63
7.1 O Salar de Uyuni 63
7.2 Escolha dos radiômetros a serem utilizados em campo 69
7.3 Imagens orbitais TM/Landsat 5 utilizadas
para identificação de pontos amostrais 70
7.4 Trabalho de campo 76
7.5 Processamento dos dados de campo 80
7.6 Principais resultados alcançados 82
7.7 Calibração absoluta do sensor TM utilizando
dados do Salar de Uyuni 86
7.8 Considerações finais 93

Referências bibliográficas 94

Introdução

As técnicas de Sensoriamento Remoto se fundamentam no processo de interação entre a radiação eletromagnética (REM) e os diferentes objetos dos quais se pretende extrair alguma informação. Esse processo se caracteriza por três diferentes fenômenos, sendo um de absorção, outro de transmissão e finalmente outro de reflexão da REM incidente sobre o objeto. Pensando no estudo dos recursos naturais existentes na superfície terrestre, o fenômeno de reflexão é o mais explorado, uma vez que as intensidades de radiação refletida pela superfície terrestre podem ser registradas por sensores remotamente situados (isto é, localizados a uma determinada distância do objeto a ser estudado, que pode ser de alguns poucos metros até milhares de quilômetros), e desses registros as informações sobre os recursos naturais podem ser extraídas e disponibilizadas no atendimento de diferentes aplicações.

O registro dessas intensidades de radiação refletida pode ser feito de diferentes formas e em diferentes níveis de coleta de dados, incluindo em laboratório, em campo, a bordo de aeronaves (aerotransportado) e a bordo de satélites (orbital).

É muito comum, quando da divulgação pública, por qualquer meio de comunicação, de alguma informação oriunda da interpretação/processamento de dados coletados por sensores orbitais, a utilização do termo *fotografias de satélite* para se referir aos produtos dos quais a tal informação foi extraída. É possível, de fato, obter fotografias orbitais quando são utilizados sensores fotográficos específicos para esse fim. Porém, os produtos mais corriqueiramente gerados em nível orbital não são fotografias, mas coleções de medidas da intensidade de REM refletida pelos diferentes objetos existentes na superfície terrestre, que, uma vez organizadas convenientemente, permitem a observação visual de feições dessa superfície, analogamente ao que seria feito em uma fotografia convencional. Essas coleções são denominadas *imagens pictóricas* ou simplesmente *imagens*.

Essas imagens são similares àquelas observadas na televisão, constituídas por milhares de pontinhos iluminados na tela do aparelho que, juntos, geram um conjunto único que permite observar formas, cores, texturas, movimentos e todos os demais elementos que formam uma paisagem, o rosto de uma pessoa, um objeto etc. No caso das imagens orbitais ou mesmo daquelas geradas por sensores similares colocados a bordo de aeronaves, cada pontinho luminoso contido na imagem é fruto de uma medida radiométrica, termo este usado para representar a intensidade da REM que é refletida pelos objetos observados ou imageados.

Os sensores (não fotográficos) realizam então medidas radiométricas da REM refletida ou emitida por objetos. Eles apresentam características específicas que os qualificam para determinadas aplicações. O sucesso das iniciativas de desenvolvimento de sensores orbitais ou aerotransportados está intimamente ligado ao conhecimento sobre essas suas características e também à manutenção destas ao longo do seu período de vida útil. O programa norte-americano Landsat é um bom exemplo disso, uma vez que a constante preocupação com a divulgação da "saúde" de dados radiométricos coletados por seus sensores permitiu à comunidade de usuários a sua utilização em estudos mais sofisticados que incluíram abordagens qualitativas, como estimativas de produtividade de algumas culturas agrícolas e a quantificação de parâmetros biofísicos de formações florestais. Essa "saúde" pode ser avaliada ou monitorada por meio de missões de calibração, que podem ser conduzidas mediante a análise de dados enviados pelo próprio sensor ou por outros sensores (calibração cruzada), ou com base em dados coletados em campo, por meio do estabelecimento de superfícies de referência que podem ser caracterizadas espectralmente.

A calibração radiométrica tem, portanto, o objetivo de assegurar a atualização da qualidade dos dados gerados por um sensor remotamente situado, bem como assegurar a possibilidade de converter os dados registrados pelos sensores em quantidades físicas passíveis de serem correlacionadas a parâmetros geofísicos, químicos ou biofísicos de objetos.

O Brasil tem feito investimentos no desenvolvimento e na aquisição de sensores orbitais e aerotransportados no âmbito de programas como o Sistema de Vigilância da Amazônia (Sivam) e a Missão Espacial Completa Brasileira (MECB). Assim como tem acontecido em todo o mundo, o sucesso das iniciativas nacionais de disponibilizar dados remotamente coletados a diferentes usuários também dependerá da concretização de esforços que visem viabilizar a atualização do conhecimento sobre as suas propriedades radiométricas.

Antevendo essas necessidades, profissionais do Instituto Nacional de Pesquisas Espaciais (Inpe) e do Centro de Pesquisas Meteorológicas e Climáticas Aplicadas à Agricultura da Universidade Estadual de Campinas (Cepagri/Unicamp) lançaram, por volta de 1998, iniciativas que buscaram viabilizar a realização de missões de calibração radiométrica em território nacional.

Os resultados alcançados obtiveram reconhecimento internacional, e em 2009 o Brasil passou a fazer parte do Committee on Earth Observation Satellites (Ceos), por meio da participação em um grupo específico dedicado à calibração radiométrica absoluta de sensores orbitais, denominado Working Group on Calibration and Validation (WGCV). O objetivo principal desse grupo é definir metodologias e procedimentos de calibração radiométrica e de validação que sejam adotados pelos países proprietários de sensores de observação da Terra (de Sensoriamento Remoto), permitindo assim a comparação universal dos dados.

Do esforço empreendido até o momento, além dos trabalhos científicos gerados, considera-se que houve significativo avanço no conhecimento sobre o tema, permitindo que o País alcance, em curto espaço de tempo, a autonomia tão desejada para realizar suas próprias missões de calibração radiométrica dos sensores orbitais e aerotransportados, cujos dados serão distribuídos nacional e internacionalmente.

O objetivo deste livro é apresentar, de forma objetiva e simples, a conceituação sobre os principais procedimentos de calibração de sensores remotamente situados, incluindo os que são atualmente adotados no Brasil.

Conceitos radiométricos

Para que se possa compreender plenamente em que consiste o processo de calibração radiométrica de um sensor, é fundamental conhecer alguns conceitos radiométricos relevantes e pertinentes a esse processo.

Sabe-se que o Sol é a principal fonte de REM utilizada no estudo dos recursos naturais realizado mediante a aplicação das técnicas de Sensoriamento Remoto. A radiação emitida por esse astro trafega no espaço na forma de um fluxo que contém diferentes "qualidades" de REM. Essa diferenciação se dá por um critério fundamentado no modelo ondulatório que discrimina a REM em diferentes comprimentos de onda (λ). Cada "qualidade" de REM, que doravante será denominada simplesmente *comprimento de onda*, é emitida pelo Sol com intensidade específica. A Fig. 1.1 apresenta um gráfico que descreve a intensidade do fluxo radiante emitido pelo Sol para cada comprimento de onda, na amplitude espectral compreendida entre as regiões do visível (0,4 µm-0,72 µm), infravermelho próximo (0,72 µm-1,1 µm) e infravermelho médio (1,1 µm-3,2 µm).

A linha tracejada no gráfico da Fig. 1.1 representa a intensidade do fluxo radiante em cada comprimento de onda, que seria determinada pela Lei de Planck para um corpo negro à temperatura de 5.900 K, no topo da atmosfera. A linha cheia mais escura representa a mesma intensidade, mas agora determinada na superfície da Terra. Percebe-se, portanto, que a intensidade da REM emitida pelo Sol sofre atenuação em virtude da interferência de diferentes componentes contidos na atmosfera. As características dessa interferência serão tratadas mais adiante.

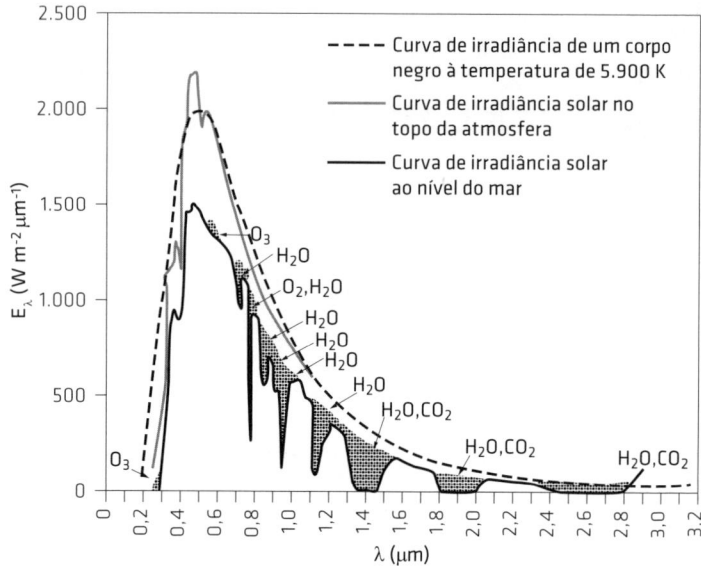

Fig. 1.1 Intensidade do fluxo radiante emitido pelo Sol
Fonte: adaptado de Swain e Davis (1978).

Essa intensidade do fluxo radiante por área é denominada *irradiância* (E), e, como pode ser determinada para cada comprimento de onda ou para regiões espectrais específicas, recebe o símbolo λ, sendo então representada por E_λ.

Analisando ainda o gráfico apresentado na Fig. 1.1, nota-se que as maiores intensidades do fluxo radiante ocorrem na região do visível, mesmo para a radiação que atinge a superfície terrestre. Assim, imaginando um ponto localizado na superfície da Terra, geometricamente a incidência do fluxo radiante sobre esse ponto poderia ser representada conforme ilustra a Fig. 1.2.

Observa-se que o fluxo incide de todas as direções sobre o ponto e, como foi mencionado, a REM contida nesse fluxo não se refere a uma única qualidade ou a um único comprimento de onda, senão a vários. Cada "tipo" (qualidade) de REM atinge esse ponto com certa intensidade, ou seja, com específicos valores de E_λ. No momento

1 conceitos radiométricos 11

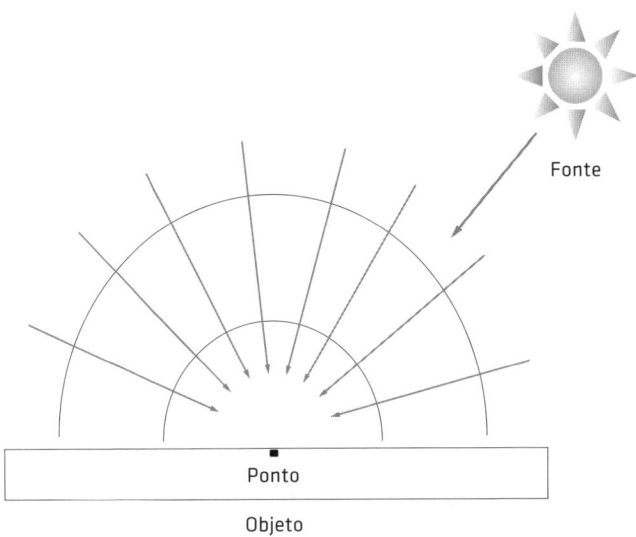

Fig. 1.2 Representação esquemática da geometria da incidência do fluxo radiante sobre um determinado ponto localizado na superfície de um objeto

da incidência, são três as possibilidades de interação entre a REM e o objeto, as quais podem ser representadas por três diferentes processos: reflexão, transmissão e absorção. Algumas qualidades de REM então serão refletidas, outras serão transmitidas através do objeto ou da superfície em questão e outras serão absorvidas. As características físico-químicas da superfície ou do objeto definirão quais qualidades de REM serão submetidas aos específicos processos mencionados, bem como em que intensidades serão refletidas, transmitidas e absorvidas.

Atendo-se exclusivamente ao fluxo de REM refletido pelo ponto apresentado na Fig. 1.2, a geometria de reflexão é similar (mas não necessariamente idêntica, como será visto a seguir) à de incidência, porém em sentido exatamente contrário. Assim, existirá um fluxo refletido (algumas qualidades de REM selecionadas pelas características físico-químicas da superfície) que deixará o ponto em direção ao ambiente com intensidades específicas para cada qualidade de REM refletida. A existência de uma direção preferencial de reflexão será dependente das características da superfície na qual ocorre a incidência e do ângulo dessa incidência. Essa intensidade é denominada *exitância* e representada pelo símbolo M. Analogamente à irradiância (E), a exitância também pode ser representada em termos espectrais, ficando M_λ. A Fig. 1.3 ilustra a geometria da reflexão do fluxo radiante refletido por um ponto localizado na superfície de um objeto.

Na Fig. 1.3, os vetores que representam as direções do fluxo de REM refletido por um ponto localizado na superfície de um objeto apresentam dimensões diferenciadas, sugerindo que em algumas direções esse fluxo é mais intenso. De fato, para a maioria dos objetos existentes na superfície terrestre, a reflexão da REM não ocorre igualmente em todas as direções ao longo de todo o espec-

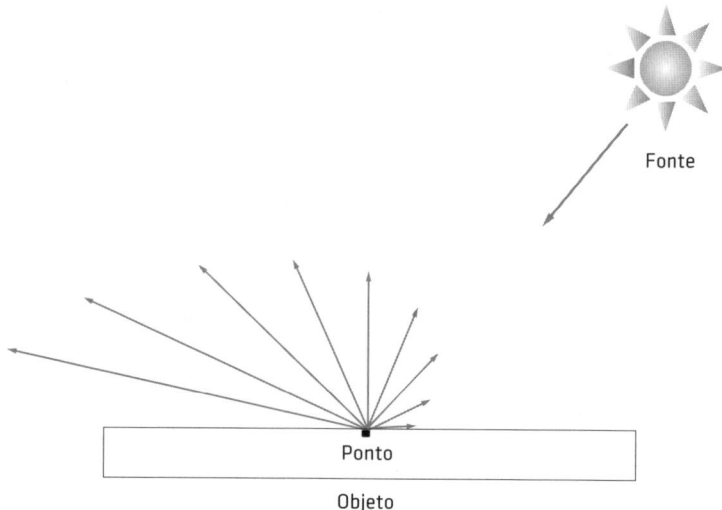

Fig. 1.3 Representação esquemática da geometria da reflexão do fluxo radiante a partir de um ponto localizado na superfície de um objeto

tro eletromagnético. Vale lembrar que o fluxo de REM incidente é composto por radiação que apresenta diferentes comprimentos de onda e que as condições geométricas da reflexão variam para cada "qualidade" de REM. Diz-se que o objeto ou a superfície tem comportamento isotrópico quando não há dominância da reflexão em uma dada direção e em uma específica faixa espectral (amplitude de comprimentos de onda), ou seja, quando de fato a REM é refletida igualmente em todas as direções, independentemente da direção da incidência do fluxo radiante, sendo essa superfície denominada lambertiana. Uma superfície pode ter comportamento isotrópico para específicas regiões do espectro eletromagnético, mas não para outras. Um exemplo de superfície com reflexão relativamente isotrópica na região do visível é uma folha de papel branco tipo sulfite. Se essa folha for disposta sobre uma superfície plana completamente iluminada pelo Sol, alguém que a observe de diferentes posições ao seu redor terá sempre a mesma sensação de brilho em seus olhos, o que caracteriza a isotropia mencionada. Mas esse brilho, quando observado em outras regiões espectrais que não a do visível, pode não ser o mesmo. Tudo dependerá das propriedades espectrais da folha de papel ao longo do espectro eletromagnético.

A maioria dos objetos localizados na superfície da Terra não tem reflexão isotrópica para amplas faixas do espectro eletromagnético. A Fig. 1.4 ilustra um sensor localizado sobre essa superfície coletando a REM refletida por ela.

Um sensor então "observa" determinada porção da superfície e registra a intensidade do fluxo refletido somente dessa porção. Imaginando cada um dos infinitos pontos que compõem a superfície em questão, a intensidade da REM efetivamente medida de cada ponto seria aquela contida em um cone imaginário formado pela dimensão (diâmetro, normalmente) da óptica do sensor (base do cone) e pelo ponto em si (vértice do cone). Esse cone é tecnicamente denominado *ângulo sólido*. A intensidade de fluxo radiante refletido

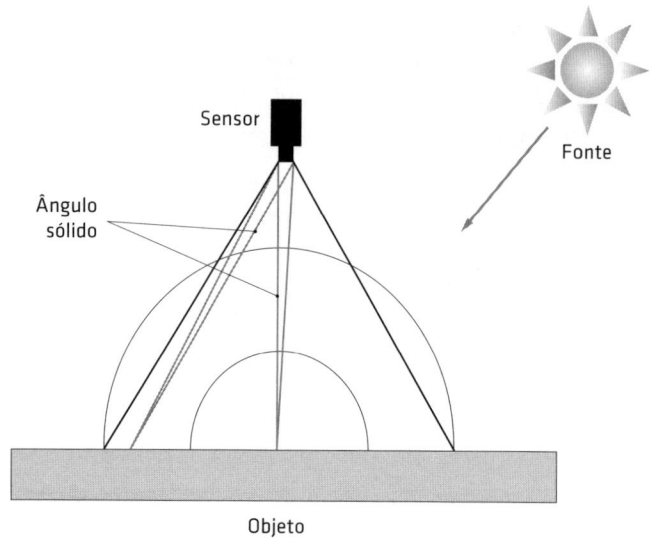

Fig. 1.4 Geometria de coleta de dados a partir de um sensor

médio por área e por ângulo sólido, originado então de todas as infinitas intensidades provenientes de cada um dos infinitos pontos existentes na superfície, é denominada *radiância* (L), e, como pode ser medida para cada comprimento de onda ou para regiões específicas do espectro eletromagnético, também recebe a designação L_λ.

Pelo que foi exposto até o momento, percebe-se que L_λ é dependente de E_λ, ou seja, quanto maior for a intensidade E_λ, maiores serão os valores de L_λ, e vice-versa. Isso inviabiliza qualquer caracterização espectral de um determinado objeto, uma vez que nessa caracterização o que se busca é registrar as quantidades refletidas (ou transmitidas) de REM em determinadas faixas do espectro eletromagnético por um determinado objeto, segundo suas propriedades físico-químicas. No caso do uso de L_λ para cumprir esse objetivo, estar-se-ia à mercê das características espectrais da fonte ou de algum agente interferente na trajetória da REM (interferência na intensidade), como a atmosfera. Assim, surge a necessidade de apresentar mais um conceito importante, que se refere à reflectância. É necessário ter em mente que está sendo abordada aqui apenas a interferência na intensidade do fluxo incidente sobre um objeto, desprezando-se, portanto, as interferências na composição espectral desse fluxo. Para melhor entender o que está sendo tratado, basta voltar a observar a Fig. 1.1, que mostra um gráfico no qual é evidente a interferência espectral da atmosfera sobre o fluxo incidente na superfície terrestre.

A reflectância (ρ) é a propriedade de um objeto de refletir a REM incidente sobre ele e pode ser expressa em termos espectrais, recebendo também a designação ρ_λ.

Esses conceitos foram apresentados de forma intuitiva. Seria interessante defini-los segundo uma abordagem mais formal. As medidas de radiação podem ser feitas em termos de fluxo por área, também chamado de irradiância, em unidades de watts por metro quadrado (W m^{-2}), ou em termos de fluxo por área e por unidade de ângulo sólido, chamado de radiância, em unidades de watts por metro quadrado e por ângulo sólido em esferorradiano (W m^{-2} sr^{-1}).

Um ângulo sólido (ω) é um ângulo tridimensional definido como a integral na direção zenital (θ) e na direção azimutal (φ) (Nicodemus et al., 1977):

$$\omega = \int d\omega = \int \operatorname{sen} \theta \, d\theta \, d\varphi \text{ (em sr)} \qquad (1.1)$$

Uma unidade de esferorradiano é o ângulo que, para uma esfera de raio igual a uma unidade, compreende uma seção de área da esfera de uma unidade de área. Outra medida angular de interesse é o ângulo sólido projetado (Ω), que é definido como (Nicodemus et al., 1977):

$$\Omega = \int d\Omega = \int \cos \theta \, d\omega = \iint \cos \theta \operatorname{sen} \theta \, d\theta \, d\varphi \text{ (em sr)} \qquad (1.2)$$

Um resultado de interesse é a integral no hemisfério todo do ângulo sólido projetado integrado, o qual é igual a π sr.

Um conceito fundamental em radiometria que foi introduzido por Nicodemus et al. (1977) é a *função de distribuição de reflectância bidirecional* (BRDF, no termo em inglês, ou $f_r(\theta_i;\varphi_i;\theta_r;\varphi_r)$), que é descrita por:

$$f_r(\theta_i;\varphi_i;\theta_r;\varphi_r) = \frac{(\theta_i;\varphi_i;\theta_r;\varphi_r;E_i)}{dE_i(\theta_i;\varphi_i)} = \frac{dL_r(\theta_i;\varphi_i;\theta_r;\varphi_r;E_i)}{L_i(\theta_i;\varphi_i)\cos\theta_i\, d\omega_i} \quad \text{(em sr}^{-1}\text{)} \quad (1.3)$$

Em que θ_i e φ_i são os ângulos zenital e azimutal de iluminação; θ_r e φ_r, os ângulos zenital e azimutal de reflexão; L_r, a radiância na direção de reflexão; L_i, a radiância na direção de iluminação; e E_i, a irradiância sobre a superfície.

A BRDF é um conceito interessante porque descreve a distribuição angular do fluxo refletido pelo alvo em qualquer direção de iluminação e visada. É também importante para o entendimento da distribuição da reflectância e pode assumir valores de 0 a infinito, uma vez que o ângulo sólido de reflexão é infinitesimal. No entanto, sua determinação requer a obtenção do fluxo refletido dentro de um ângulo sólido infinitesimal, o que na prática é impossível. Apesar disso, o termo BRDF tem sido erroneamente utilizado na literatura no lugar de termos mais adequados para as observações em ângulos não infinitesimais (Martonchik; Bruegge; Strahler, 2000; Schaepman-Strub et al., 2006). Para esses casos, o ponto de partida é a reflectância, que é definida como a razão entre o fluxo refletido e o fluxo incidente:

$$\rho(\omega_i;\omega_r;L_i) = \frac{d\varphi_r}{d\varphi_i} \text{ (adimensional)} \quad (1.4)$$

$$(\omega_i;\omega_r;L_i) = \frac{\int_{\varpi_r}\int_{\varpi_i} f_r(\theta_i;\varphi_i;\theta_r;\varphi_r)L_i(\theta_i;\varphi_i)d\Omega_i\, d\Omega_r}{\int_{\varpi} L_i(\theta_i;\varphi_i)d\Omega_i} \quad (1.5)$$

Caso se considere uma situação ideal de fluxo incidente isotrópico e uniforme (não varia angularmente e espacialmente), a integral da radiância incidente se torna constante e, ao ser colocada para fora da integral, é cancelada entre numerador e denominador. Desse modo, a reflectância se torna:

$$\rho(\omega_i;\omega_r;L_i) = \frac{1}{\Omega}\int_{\omega_r}\int_{\omega_i} f_r(\theta_i;\varphi_i;\theta_r;\varphi_r)d\Omega_i\, d\Omega_r \qquad (1.6)$$

A reflectância é adimensional e representa uma propriedade do alvo. No entanto, tanto os dados coletados por satélites como os de radiometria de campo envolvem incidência de radiação e observações em ângulos sólidos suficientemente grandes para não serem considerados infinitesimais. No caso dos dados obtidos por satélites, a irradiância deve ser considerada hemisférica pela presença de considerável quantidade de irradiância difusa vinda de todo o hemisfério (Schaepman-Strub et al., 2006). Embora o campo de visada instantâneo de um *pixel* de um sensor de média resolução espacial seja da ordem de milésimos de um grau, como o do sensor ETM+, de 2,438° × 10^{-3}, este valor é consideravelmente significativo para não ser classificado como infinitesimal e, portanto, é uma direção de observação cônica. Assim, os dados de satélites podem ser denominados *reflectância hemisférica cônica*, sendo representada por:

$$\rho(2\pi;\omega_r;L_i) = \frac{\int_{\omega_r}\int_{2\pi} f_r(\theta_i;\varphi_i;\theta_r;\varphi_r)L_i(\theta_i;\varphi_i)d\Omega_i\, d\Omega_r}{\int_{2\pi} L_i(\theta_i;\varphi_i)d\Omega_i} \qquad (1.7)$$

A reflectância hemisférica cônica definida nessa equação é diferente daquela apresentada por Nicodemus et al. (1977), pois considera que a radiância incidente não é isotrópica, ou seja, que o fluxo incidente varia ao longo de todo o hemisfério, o que é condizente com dados experimentais de radiância difusa vinda do céu (Harrison; Coombes, 1988). Embora, para um céu limpo, grande parte da radiância incidente esteja dentro de um cone composto pelo limbo solar e um pequeno anel no entorno (Thomalla et al., 1983), a definição da incidência hemisférica é mais realística (Schaepman-Strub et al., 2006).

Um caso especial é o da reflectância obtida no nível de satélite, que considera a atmosfera e a superfície como um contínuo. Nesse caso, o fluxo incidente é direcional e o termo mais apropriado é *reflectância direcional cônica*, que é descrita por:

$$\rho(\theta_i;\varphi_i;\omega_r) = \int_{\omega_r} f_r(\theta_i;\varphi_i;\theta_r;\varphi_r) d\Omega_r \qquad (1.8)$$

O *fator de reflectância* (FR), para o caso de medidas radiométricas em campo ou laboratório em que o fluxo incidente é obtido indiretamente, por meio de medidas sobre uma superfície lambertiana e de reflectância conhecida, é definido por Nicodemus et al. (1977) como:

> a razão do fluxo radiante refletido por uma superfície por aquele que seria refletido dentro da mesma geometria de reflexão por uma superfície padrão que fosse refletora ideal (sem perdas) e perfeitamente difusa (lambertiana) e iluminada exatamente da mesma maneira que a amostra. (Nicodemus et al., 1977, p. 8).

Assim, o FR é definido pela equação:

$$FR = \frac{d\varphi_r}{d\varphi_{r,id}} \text{ (adimensional)} \qquad (1.9)$$

$$FR(\omega_i;\omega_r;L_i) = \frac{dA \int_{\omega_r} \int_{\omega_i} f_r(\theta_i;\varphi_i;\theta_r;\varphi_r) L_i(\theta_i;\varphi_i) d\Omega_i \, d\Omega_r}{dA \int_{\omega_r} \int_{\omega_i} f_r,id(\theta_i;\varphi_i;\theta_r;\varphi_r) L_i(\theta_i;\varphi_i) d\Omega_i \, d\Omega_r} \qquad (1.10)$$

Em que dA é a variação em área.

Para uma superfície padrão ideal e lambertiana, a $f_{r,id}(\theta_i;\varphi_i;\theta_r;\varphi_r)$ é constante, com sua integral nas direções de reflexão sendo igual a $1/\pi$, e, assim, o FR se reduz a:

$$FR(\omega_i;\omega_r;L_i) = \frac{dA \int_{\omega_r} \int_{\omega_i} f_r(\theta_i;\varphi_i;\theta_r;\varphi_r) L_i(\theta_i;\varphi_i) d\Omega_i \, d\Omega_r}{(dA/\pi) \int_{\omega_r} \int_{\omega_i} L_i(\theta_i;\varphi_i) d\Omega_i \, d\Omega_r} \qquad (1.11)$$

Para o caso deste livro, duas situações são de interesse para o FR. A primeira diz respeito às medidas realizadas em campo com o fluxo incidente sobre a superfície padrão vindo de todo o hemisfério e sendo refletido dentro de um cone. Nesse caso, é definido o *fator de reflectância hemisférico cônico* (FRHC), que é dado por:

$$\text{FRHC}(2\pi; \omega_r; L_i) = \frac{\int_{\omega_r} \int_{\omega_i} f_r(\theta_i; \varphi_i; \theta_r; \varphi_r) L_i(\theta_i; \varphi_i) d\Omega_i \, d\Omega_r}{\int_{2\pi} L_i(\theta_i; \varphi_i) d\Omega_i} \quad (1.12)$$

A segunda situação diz respeito às medidas de laboratório em que se tem um fluxo incidente sobre a superfície padrão vindo de todo o hemisfério e sendo refletido dentro de um cone e sem radiação difusa incidente, o que se consegue por meio de laboratório escuro. Nesse caso, é definido o *fator de reflectância bicônico* (FRBC), que é dado por:

$$\text{FRBC}(\omega_i; \omega_r; L_i) = \frac{\int_{\omega_r} \int_{\omega_i} f_r(\theta_i; \varphi_i; \theta_r; \varphi_r) L_i(\theta_i; \varphi_i) d\Omega_i \, d\Omega_r}{\int_{\omega_i} L_i(\theta_i; \varphi_i) d\Omega_i} \quad (1.13)$$

Nesse caso também a radiância incidente não foi trazida para fora da integral por não se assumir que o fluxo incidente de radiação é isotrópico em condições normais.

A BRDF é mantida dentro de todas as equações apresentadas para considerar a variação do fluxo refletido dentro dos ângulos de observação, mesmo para ângulos bem confinados. O uso da terminologia correta é essencial para evitar ambiguidades na aplicação dos termos e dos conceitos.

Funcionamento de um sensor

Para melhor compreender a aplicação de toda a conceituação apresentada anteriormente no âmbito das técnicas de Sensoriamento Remoto, faz-se necessário compreender primeiramente o funcionamento de um sensor. Aqui serão considerados somente os sensores que registram a intensidade da REM refletida por um dado objeto ou superfície, sejam eles imageadores ou não, ou seja, os radiômetros, os espectrorradiômetros e os sensores eletro-ópticos, estes frequentemente colocados a bordo de aeronaves e/ou de plataformas orbitais.

A distinção entre os instrumentos mencionados não se refere tanto ao funcionamento, mas principalmente às amplitudes espectrais exploradas e ao número de faixas espectrais disponíveis dentro dessa amplitude. Um radiômetro, por exemplo, difere de um espectrorradiômetro pelo número reduzido de faixas espectrais (faixas mais largas), considerando uma mesma amplitude espectral. Assim, na caracterização espectral de um objeto, os dados coletados por um espectrorradiômetro oferecerão nível de detalhamento espectral superior em relação ao que seria permitido pelos dados coletados por um radiômetro. A Fig. 2.1 apresenta um exemplo da caracterização espectral de um objeto mediante o emprego de um radiômetro e de um espectrorradiômetro.

Nessa figura, os traços horizontais dispersos no gráfico representam os valores dos fatores de reflectância determinados com a utilização de um radiômetro atuando em seis faixas espectrais contidas no mesmo domínio espectral do espectrorradiômetro (300 nm a 2.500 nm). Por sua vez, a linha cheia preta representa os valores

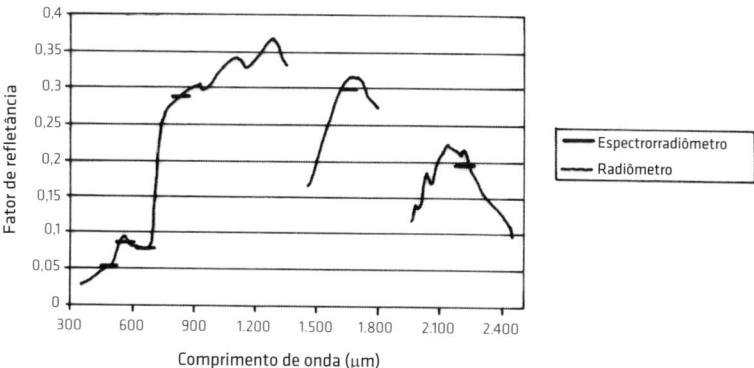

Fig. 2.1 Caracterização espectral de um objeto mediante o emprego de um radiômetro e de um espectrorradiômetro

dos fatores de reflectância definidos pelas medidas realizadas com o espectrorradiômetro. Observa-se, portanto, que o detalhamento espectral obtido pelo uso de um espectrorradiômetro é muito maior do que aquele obtido pelo uso de um radiômetro. As descontinuidades da linha preta ocorrem nas regiões de máxima interferência atmosférica, que implica valores espúrios, aqui desprezados.

Os sensores eletro-ópticos diferenciam-se dos radiômetros e dos espectrorradiômetros não tanto pela discriminação espectral de um objeto, mas pela possibilidade de produzir imagens com base nos dados radiométricos coletados. Assim, um sensor eletro-óptico pode operar como um radiômetro ou como um espectrorradiômetro quanto ao número e à largura de faixas espectrais, porém a coleta de dados se dá visando a elaboração de imagens, que podem ser analisadas visual ou digitalmente. Primeiramente, no entanto, é necessário entender como um sensor é estruturado e o que efetivamente ele mede.

Qualquer sensor é composto de um sistema óptico, que inclui lentes ou uma estreita fenda, pela qual a radiação penetra em direção ao interior do instrumento; um sistema de dispersão ou de filtros, que "seleciona" ou "diferencia" a REM incidente em diferentes faixas de comprimento de onda; e outro sistema óptico, pelo qual a radiação é direcionada para detectores, que serão os responsáveis por quantificar a intensidade dos fluxos incidentes sobre eles. Essa quantificação, em primeira instância, é feita por meio de voltagem, a qual é transformada em potência (W) por unidade de área (cm²). Como as medidas são específicas para cada faixa espectral, a unidade de medida dessa potência inclui W/(cm² μm). Em razão de essas medidas serem dependentes das dimensões do sistema óptico (entrada) do sensor, a potência deve ainda incluir a unidade do ângulo sólido, ficando então W/(cm² sr μm), referente ao conceito já apresentado de radiância (L_λ).

A Fig. 2.2 ilustra esquematicamente um radiômetro coletando radiação de uma dada porção da superfície da Terra.

Nessa figura, observa-se que o radiômetro está medindo a radiância refletida de todos os objetos contidos dentro do elemento de resolução espacial, representado aqui por um círculo, no qual estão contidas duas árvores, um pequeno corpo d'água e vegetação herbácea. De cada um dos infinitos pontos que compõem o elemento de resolução espacial em questão, podem ser imaginados seus respectivos ângulos sólidos, que descrevem a trajetória do fluxo radiante partindo de cada ponto em direção ao sistema óptico do sensor, na figura representado por "coletor". Esse sistema projeta o fluxo radiante provindo de um determinado ponto sobre o elemento detector, que normalmente é uma pastilha metálica que, em última análise, será responsável por converter a intensidade do fluxo incidente em valores de voltagem para posterior conversão em valores de radiância (W/(cm^{-2} sr^{-1} μm^{-1})). Essas medidas podem ser realizadas em diferentes faixas do espectro eletromagnético, e, quando essas faixas são numerosas e estreitas, esses radiômetros recebem o nome de espectrorradiômetros.

Para o caso de sensores aerotransportados ou colocados a bordo de satélites, o mesmo procedimento é verificado, devendo-se apenas levar em conta que, além do movimento da plataforma (avião ou satélite), pode haver um apontamento de todo o sistema

2 funcionamento de um sensor 23

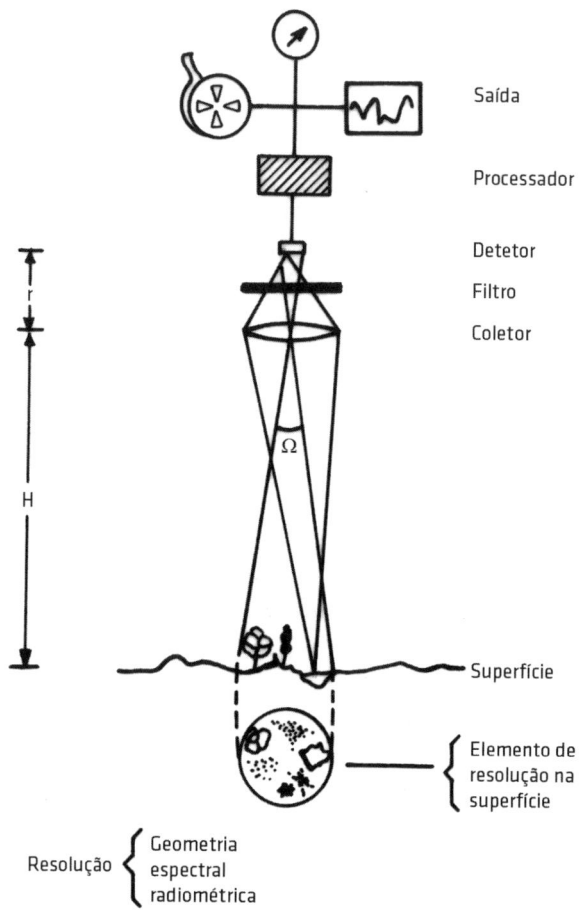

Fig. 2.2 Esquema de um radiômetro registrando a intensidade do fluxo radiante refletido por uma porção da superfície da Terra
Fonte: adaptado de Steffen et al. (1981).

para regiões específicas da superfície da Terra, com o objetivo de permitir a organização das medidas de radiância na forma de uma imagem pictórica. A Fig. 2.3 ilustra o esquema de funcionamento de um sensor aerotransportado dotado de um espelho giratório. São também conhecidos como sensores eletro-ópticos ou sensores *whisk broom*, na terminologia em inglês.

O giro do espelho permite então que o fluxo radiante refletido em cada elemento de resolução espacial seja deslocado no sentido ortogonal ao de deslocamento da plataforma na qual todo o sistema foi colocado. Da mesma forma como acontecia com o espectrorradiômetro, as medidas em cada elemento de resolução espacial são discretizadas em diferentes faixas do espectro eletromagnético, o que resulta em tantas imagens quantas forem as faixas discretizadas.

Alguns sensores não possuem um espelho giratório e a "varredura espacial" é feita por meio de uma matriz de detectores convenientemente posicionados no interior do instrumento de modo a cobrir uma dada superfície do terreno à medida que a plataforma se desloca no espaço. São as chamadas câmeras CCD (*charge coupled device*, dispositivo de carga acoplada), denominadas também sensores *push broom*. Exemplos desse tipo de sensor são o *high resolution visible* (HRV), dos satélites da série SPOT, e o CCD, dos satélites da série CBERS. Uma nova tecnologia é a dos senso-

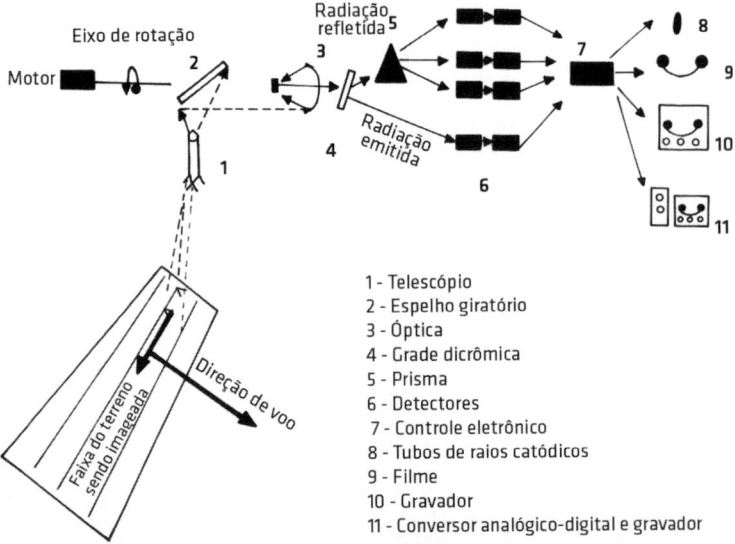

Fig. 2.3 Esquema de funcionamento de um sensor eletro-óptico

res CMOS (complementary metal-oxide semiconductor, semicondutor metal-óxido complementar), que, além de ser mais barata, também consome menos energia, sendo cada pixel lido individualmente, ao contrário do CCD. No entanto, o CMOS ainda tem problemas de ruído e a necessidade de maior fluxo de radiação, sendo até agora, portanto, pouco utilizado em sensores orbitais.

Apesar de os registros dos sensores serem proporcionais à radiância em diferentes faixas do espectro eletromagnético, os produtos finais que estes geram são imagens pictóricas e não apresentam esses valores diretamente aos usuários. Esses valores proporcionais à radiância são mais uma vez discretizados em intervalos regulares compreendidos em múltiplos de 2, de forma a torná-los compatíveis com o processamento em computadores. Esses intervalos definem a resolução radiométrica dos sensores, que pode assumir valores de 256 (2^8 => 8 bits), 1.024 (2^{10} => 10 bits), 2.048 (2^{11} => 11 bits), 4.096 (2^{12} => 12 bits) e 65.536 níveis (2^{16} => 16 bits).

Pelo que foi exposto, entende-se então que um sensor mede a intensidade de radiação refletida por um determinado objeto ou superfície em diferentes faixas do espectro eletromagnético. Ao utilizar concomitantemente dois sensores de um mesmo modelo e produzidos por um mesmo fabricante na determinação de valores de radiância refletida por uma superfície em condições de laboratório, deve-se esperar valores de L_λ idênticos entre os dois sensores? Em termos teóricos, a resposta a essa pergunta deveria ser sim, mas tecnicamente é impossível construir dois equipamentos absolutamente idênticos. Sendo assim, são esperadas diferenças entre os valores de L_λ dos dois sensores, o que leva à elaboração de uma nova pergunta: qual dos sensores está representando corretamente o real valor de L_λ? Para respondê-la, é necessário entender algo mais sobre um processo denominado *calibração radiométrica*, que permite avaliar o grau de similaridade entre as medidas de L_λ realizadas por um sensor e os valores desse mesmo parâmetro determinados por um padrão.

A RADIOMETRIA EM UMA IMAGEM ORBITAL

A grandeza radiométrica à qual os números digitais estão relacionados é a radiância, que representa um fluxo de radiação por área e por ângulo sólido. O que se imagina é que essa radiância efetivamente medida seja representativa, o mais especificamente possível, do(s) objeto(s) contido(s) dentro do campo de visada instantâneo na superfície (Gifov, no termo em inglês). Esse campo de visada define as dimensões de um *pixel* na superfície de acordo com as características da engenharia do sensor. Na realidade, essa especificidade não ocorre e a radiância efetivamente medida por um sensor orbital pode ser representada esquematicamente como na Fig. 3.1.

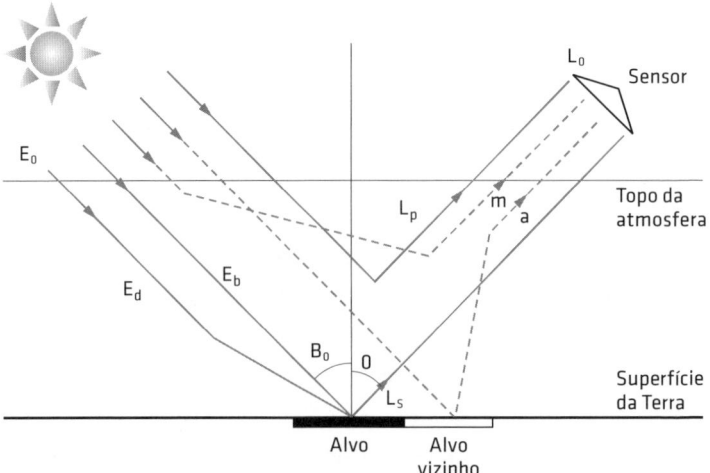

Fig. 3.1 Fatores influentes sobre a radiância efetivamente medida por um sensor orbital
Fonte: adaptado de Gilabert, Conese e Maselli (1994).

3 a radiometria em uma imagem orbital   27

No esquema apresentado nessa figura, L_0 é também denominado *radiância aparente* ou *radiância no topo da atmosfera* (na literatura escrita em inglês, ela é também referenciada como *TOA (top of atmosphere) radiance*) e é, em realidade, influenciado por vários aspectos. Primeiramente, a irradiância E_0, que é o fluxo de radiação no topo da atmosfera por área paralela à superfície e em unidade de watts por metro quadrado (W m^{-2}), é afetada pela distância Sol-Terra (D, em unidades astronômicas, UA) e pelo ângulo zenital solar (θ_0). E_0 se relaciona com a irradiância no topo da atmosfera perpendicular aos raios solares e na distância média Sol-Terra (E_{sol}) por meio de:

$$E_0 = \frac{E_{sol} \cos \theta_0}{D^2} \tag{3.1}$$

Assim, observa-se que a irradiância E_0 varia ao longo do ano em função de θ_0 e de D. O valor de radiância registrado pelo sensor (L_0) é composto pela radiância refletida por um determinado *pixel* e transmitida através da atmosfera e por aquela refletida por seus vizinhos e espalhada na direção do sensor (a, na Fig. 3.1), além de outras porções (m, na mesma figura) que sequer atingiram a superfície da Terra, interagindo apenas com a atmosfera de forma direta e difusa. L_0 é, portanto, fruto de um complexo processo de interação e não representa exclusivamente a intensidade de fluxo refletido por um *pixel* específico.

O valor de L_0 em cada banda espectral na qual o sensor é capaz de perceber a radiação eletromagnética refletida é então convertido em um número digital que pode estar contido dentro de um intervalo numérico dependente do número de *bits* que define a resolução radiométrica do sensor. Esse número é sempre expresso como potência de 2, ou seja, 2^n, como já descrito anteriormente

Essa conversão, também normalmente denominada tradução, é realizada por um equipamento colocado a bordo do satélite e é específica para cada banda espectral na qual o sensor atua. Dessa forma, é fácil concluir que imagens geradas em diferentes faixas espectrais terão seus números digitais discretizados em 2^n segundo critérios de tradução diferentes. Por exemplo, um valor de L_0 de 0,5 mW/cm²/sr/nm, medido por detectores dispostos em duas faixas espectrais distintas, poderá ser representado por números digitais diferentes. Como consequência, a impressão é de que nas imagens dessas duas faixas espectrais o *pixel* está refletindo mais radiação eletromagnética em uma faixa do que em outra, quando isso na verdade não está acontecendo.

A tradução em questão é frequentemente descrita por uma relação linear entre L_0 e o número digital. Assim, L_0 pode ser expresso por:

$$ND_\lambda = \frac{L_{0\lambda} - a_{0\lambda}}{a_{1\lambda}} \qquad (3.2)$$

Em que ND_λ é o número digital na faixa espectral λ; $L_{0\lambda}$, a radiância efetivamente medida pelo sensor em uma determinada faixa espectral λ; e $a_{0\lambda}$ e $a_{1\lambda}$, parâmetros de calibração dados pelo fabricante, também na faixa espectral λ. O parâmetro $a_{0\lambda}$ representa o valor da radiância mínima registrada pelo sensor quando ND_λ é 0 e $a_{1\lambda}$ representa a razão da faixa de radiância pela faixa de níveis de cinza.

Foi acrescentado λ para reforçar que as determinações de L_0 acontecem por banda espectral específica.

Vale salientar que intrínseca a essa formulação encontra-se a influência da geometria de aquisição de dados, caracterizada aqui pelas posições do Sol e do sensor, que são definidas por seus ângulos zenital e azimutal. Assim, L_0 é em verdade influenciada não só pelos fatores descritos anteriormente, mas também por essa geometria, uma vez que a maioria dos objetos contidos dentro de um *pixel* não apresenta isotropia, isto é, não reflete radiação igualmente em todas as direções. L_0 é então muitas vezes denominada *radiância aparente bidirecional* (uma direção de iluminação e outra de observação).

A reflectância é uma grandeza física de maior interesse do que a radiância por ser independente da intensidade de radiação incidente na superfície. Ou seja, para um alvo nas mesmas condições, a radiância que chega ao sensor vai variar em função de E_0, que, por sua vez, depende de θ_0 e D. A reflectância espectral (ρ_λ) é definida como a razão do fluxo refletido pelo fluxo incidente (Nicodemus et al., 1977), que pode ser relativo a uma área definida da superfície:

$$\rho_\lambda = \frac{M_\lambda \left(W\,m^{-2}\,\mu m^{-1}\right)}{E_\lambda \left(W\,m^{-2}\,\mu m^{-1}\right)} \text{ (adimensional)} \quad (3.3)$$

Em que M_λ é a exitância espectral, ou, em outras palavras, a quantidade de radiação refletida pelo alvo em todo o hemisfério (em todas as direções). No entanto, o fluxo de radiação que chega ao sensor o faz na forma de um cone bem pequeno, sendo então necessário transformar essa radiância no fluxo que seria refletido em todo o hemisfério caso o alvo tivesse essa mesma radiância em todas as direções. Isso é feito por meio da integração da radiância em todo o hemisfério, gerando, assim, uma relação radiométrica fundamental em que $M = \pi L$. Nesse processo de integração, o valor de L é projetado pelo $\cos\theta$ e a integral do hemisfério projetado resulta no valor de π, que, nesse caso, tem unidade de sr. Ou seja, o hemisfério todo tem π sr de ângulo sólido projetado. Com isso, o cálculo da reflectância direcional é realizado por meio de:

$$\rho_\lambda = \frac{\pi(sr)L_\lambda \left(W\,m^{-2}\,sr^{-1}\,\mu m^{-1}\right)}{E_\lambda \left(W\,m^{-2}\,\mu m^{-1}\right)} \text{ (adimensional)} \quad (3.4)$$

Para as imagens de sensores remotos coletadas em dias de céu limpo, é possível considerar que o fluxo incidente é direcional, daí a reflectância ser denominada bidirecional. Na literatura, a reflectância bidirecional tem sido por vezes confundida com a função de distribuição de reflectância bidirecional (BRDF). A BRDF, conforme descrita por Nicodemus et al. (1977), é um conceito interessante para o entendimento da distribuição da reflectância e pode assumir valores de 0 a infinito, uma vez que o ângulo sólido de reflexão é infinitesimal. Apesar de o ângulo sólido definido pelo IFOV, de um *pixel* em nível de satélite, ser bem pequeno, da ordem de milésimos de esferorradiano (msr), isso não é o suficiente para considerá-lo infinitesimal.

Para boa parte dos sensores, a exemplo do Thematic Mapper (TM), do satélite Landsat 5, e do Enhanced Thematic Mapper Plus (ETM+), do satélite Landsat 7, as imagens são fornecidas em números digitais proporcionais à radiância e as transformações normalmente necessárias para plena ultilização dos dados envolvem a obtenção da radiância aparente com base nos NDs e depois da reflectância aparente. Outros fornecem imagens em que os NDs proveem diretamente a radiância, como é o caso do RapidEye, em que os valores são $L_{0\lambda} = ND_2 \cdot 100$. Uma nova abordagem é aquela utilizada pelo sensor OLI, do Landsat 8, em que os coeficientes da transformação levam diretamente para a radiância ou a reflectância, sem a necessidade de o usuário utilizar a distância Sol-Terra (D) e a irradiância total da banda no topo da atmosfera. Nesse caso, esses parâmetros já estão inseridos nos coeficientes da transformação.

CALIBRAÇÃO: CONCEITO E COMO É REALIZADA

Qualquer procedimento de calibração tem como objetivo estabelecer a relação mais precisa e fiel possível entre uma dimensão real e sua estimativa realizada com um instrumento qualquer. Para melhor compreender esse conceito, basta imaginar uma situação na qual se pretende estimar o comprimento de uma barra de ferro por meio de uma fita métrica. Imagine-se que, ao aferir o comprimento com essa fita, o resultado foi de 0,56 m. Utilizando agora outra fita métrica, a mesma dimensão foi estimada em 0,54 m. Qual das estimativas estaria correta? Para chegar a uma decisão, faz-se necessário o uso de um padrão reconhecido cientificamente. Em Metrologia, existem padrões fisicamente materializados e disponibilizados no mercado. Então, considerando, por exemplo, o uso de um padrão com 1 m de comprimento, seriam utilizadas as duas fitas métricas para aferir a dimensão desse padrão. Cada uma das fitas resultaria em valores diferentes para o mesmo 1 m de comprimento. O procedimento de calibração seria determinar um fator numérico resultante da divisão entre o valor estimado pela fita métrica e o valor assumido como padrão, nesse caso, 1 m. Para cada uma das fitas seria determinado então um fator específico. Para determinar o comprimento da barra de ferro em relação ao padrão estabelecido, bastaria multiplicar o fator encontrado para cada uma das fitas pelos respectivos valores determinados por meio de seu uso. Esse fator é denominado *fator de calibração* ou, mais frequentemente, *coeficiente de calibração*.

Em Sensoriamento Remoto, esse conceito pode ser diretamente empregado, uma vez que o interesse é estabelecer relações precisas entre as quantificações da radiação refletida ou emitida por diferentes objetos, realizadas com o emprego de sensores remotamente situados, e as quantidades de radiação efetivamente refletidas ou emitidas. Os sensores assumem função análoga à da fita métrica do exemplo anterior e o padrão aqui é definido por fontes de emissão de radiação eletromagnética com intensidade conhecida e/ou controlada.

No que se refere ao caso de sensores colocados a bordo de plataformas aerotransportadas ou orbitais, Chen (1997) considera que são necessárias calibrações radiométricas antes da colocação do sensor na plataforma que o sustentará em voo (calibração em laboratório ou pré-lançamento), bem como calibrações durante o voo. Na primeira, frequentemente são utilizadas esferas integradoras e fontes de radiação (lâmpadas) com irradiância conhecida ou regulável. A calibração em voo pode ser realizada com instrumentos colocados no interior do próprio sensor, quando lâmpadas são utilizadas, sendo posicionadas estrategicamente para permitir constante aferição das sensibilidades dos detectores, ou com a caracterização espectral de objetos de referência localizados na superfície terrestre. Neste último caso, a caracterização espectral do objeto deve ser concomitante à passagem do sensor sobre ele para que possam ser comparados os dados oriundos do objeto caracterizado espectralmente em campo com aqueles coletados pelo sensor a ser calibrado. A caracterização em questão vale-se do uso de um espectrorradiômetro portátil atuando nas mesmas faixas espectrais do sensor que se pretende calibrar. Esse tipo de calibração radiométrica também recebe o nome de calibração *vicária* ou, como tratada no idioma inglês, *vicarious calibration*. Esquematicamente, esses procedimentos podem ser visualizados na Fig. 4.1.

O termo *sinal de saída* pode se referir à voltagem, à radiância ou aos números digitais, a depender do tipo de funcionamento do sensor que se pretende calibrar. Para o caso da calibração radiométrica em voo que se vale de um objeto de referência, os

4 calibração: conceito e como é realizada   33

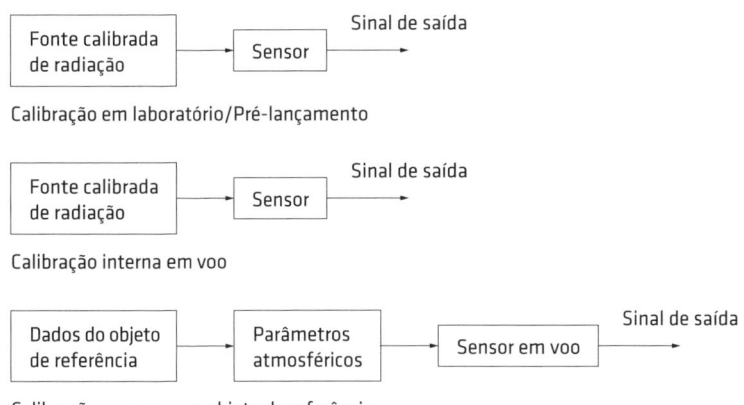

Fig. 4.1   Procedimentos mais comuns de calibração de sensores remotamente situados

parâmetros da atmosfera são importantes, já que as plataformas normalmente se posicionam a grandes altitudes, justificando considerar a interferência da atmosfera sobre a radiação efetivamente medida pelo sensor a bordo da plataforma, seja ela uma aeronave, seja um satélite.

A atmosfera pode ser considerada um meio pelo qual a REM se propaga. Essa propagação sofre dois processos básicos de interferência, caracterizados pela absorção ocasionada pela ação de gases e pelo espalhamento causado pela ação de moléculas e aerossóis (Fraser, 1975). Ambos os processos são dependentes do comprimento de onda e podem ser modelados com o objetivo de estimar o nível de interferência da atmosfera sobre o valor de radiância resultante da aplicação de um sensor remotamente situado.

Conforme mencionado no Cap. 2, os valores de $L_{0\lambda}$ são discretizados em intervalos numéricos que variam de amplitude segundo 2^x, sendo x valores múltiplos de 2, que definem a resolução radiométrica de um sensor. O resultado dessa discretização são os números digitais (ND) que efetivamente são acessados por qualquer usuário das técnicas de Sensoriamento Remoto quando trabalha com uma imagem pictórica.

É importante agora compreender um pouco mais a origem dos valores de ND. Conforme apresentado anteriormente, todo sensor transforma o valor da intensidade do fluxo de REM incidente sobre o detector em voltagem, que, por sua vez, é transformada em potência (radiância). A relação entre essa potência e o ND é dada por:

$$L_0(\lambda) = a_0(\lambda) + a_1(\lambda) \, ND(\lambda) \tag{4.1}$$

Em que $L_0(\lambda)$ é a radiância efetivamente medida pelo sensor em uma determinada faixa espectral λ; $a_0(\lambda)$ e $a_1(\lambda)$, parâmetros de calibração dados pelo fabricante, também na faixa espectral λ; e $ND(\lambda)$, o número digital na faixa espectral λ.

Entende-se o termo calibração radiométrica para os parâmetros $a_0(\lambda)$ e $a_1(\lambda)$ como o procedimento de conversão dos números digitais presentes em uma imagem em valores de radiância. $L_0(\lambda)$ é também denominada radiância aparente, porque inclui a interferência de outros fatores que não aqueles oriundos das características físico-químicas do objeto em estudo.

A mesma radiância aparente $L_0(\lambda)$ pode ser expressa também por:

$$L_0(\lambda) = (ND(\lambda) - \text{offset}(\lambda))/G(\lambda) \tag{4.2}$$

Em que offset(λ) se refere a uma quantidade em valores de ND suficiente para compensar a chamada corrente escura do detector, ou seja, para compensar a resposta do detector mesmo quando ele não recebe qualquer quantidade de radiação incidente, e $G(\lambda)$ se refere a um valor de ganho normalmente ajustado para impedir que o valor medido sature positivamente quando observa objetos claros e negativamente quando observa objetos escuros.

Para o caso de sensores orbitais, os valores de offset(λ) e de $G(\lambda)$ nem sempre são atualizados, ficando restritos àqueles determinados antes do lançamento do satélite, o que dificulta a determinação de valores precisos de radiância aparente por parte da comunidade de usuários.

Outros parâmetros bastante utilizados no cálculo de $L_0(\lambda)$ são Lmín(λ) e Lmáx(λ), que representam, nessa ordem, os valores de radiância mínima e máxima que um sensor é capaz de registrar, os quais podem ser respectivamente substituídos pelos valores de ND = 0 e ND = 2^x, sendo x o número de bits que definirá a resolução radiométrica de um sensor. Nesse caso, o valor de $L_0(\lambda)$ é dado por:

$$L_0(\lambda) = \left(L\mathrm{mín}(\lambda) + \frac{(L\mathrm{máx}(\lambda) - L\mathrm{mín}(\lambda))}{2^x} \right) ND(\lambda) \quad (4.3)$$

Em que x é o número de bits, que atualmente pode variar de 8 a 16.

Contudo, também esses parâmetros não são atualizados com a frequência necessária, o que limita como alternativa para determinar, com alguma precisão, o valor de $L_0(\lambda)$ a realização da calibração absoluta utilizando um objeto de referência no terreno. Vale salientar que esse tipo de calibração considera somente a interferência da atmosfera sobre o sinal registrado pelo sensor, negligenciando a participação de objetos adjacentes e da trajetória da radiação na atmosfera.

Segundo Dinguirard e Slater (1999), a calibração radiométrica absoluta de um sensor é feita por meio da relação entre o ND e o valor de radiância aparente oriundo de um determinado objeto de referência no solo que tenha sido caracterizado espectralmente. Esquematicamente, o procedimento de calibração absoluta de um sensor orbital pode ser ilustrado conforme a Fig. 4.2.

Assim, observa-se que, uma vez identificada uma superfície de referência, são realizadas medidas radiométricas em campo concomitantemente à passagem do satélite que transporta o sensor a ser calibrado. Com base nessas medidas radiométricas, é determinado o valor de Lλ sup., que se refere à radiância refletida pela superfície. Sobre esse valor, é agregada a influência da atmosfera, que deve ser caracterizada durante as medições radiométricas,

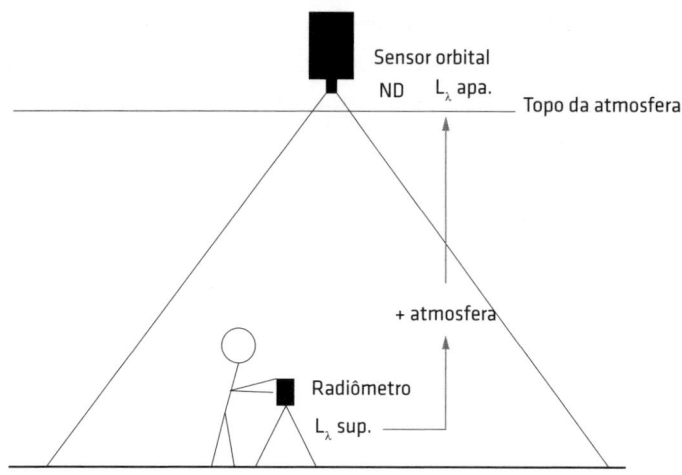

Fig. 4.2 Esquema ilustrativo do procedimento de calibração de um sensor orbital

originando o valor da radiância refletida aparente no topo da atmosfera L_λ apa., que é comparado com o valor de ND determinado em λ.

A caracterização espectral da superfície de referência inclui a avaliação de sua isotropia e da homogeneidade espectral, sendo que a primeira avaliação se refere ao grau de tendência direcional da reflexão superficial da REM, e a segunda, ao grau de variação dos valores de radiância determinados ao longo de toda a extensão da superfície, em um específico período de tempo. De maneira geral, considera-se com reflexão isotrópica aquela superfície na qual não foram detectadas variações nos valores de radiância (ou reflectância) superiores a 5% medidos em diversas condições geométricas de iluminação e/ou visada (referem-se aos ângulos zenitais e azimutais da fonte de iluminação e do sensor, respectivamente), e define-se como homogênea a superfície cujas variações de radiância (ou reflectância) não excederam 5%.

Observam-se aí alguns fatores implícitos importantes desse procedimento que se referem à eleição ou identificação de um objeto de referência; à escolha de radiômetros ou espectrorradiômetros portáteis para a caracterização espectral desse objeto; à correção atmosférica da grandeza radiométrica quantificada em campo, para torná-la comparável ao nível do satélite; e às características de pré-processamento da imagem a ser utilizada como fonte de dados para a calibração do sensor.

4.1 Identificação de uma superfície de referência

A superfície de referência deve apresentar algumas características que a tornem passível de ser considerada como tal em missões de calibração de sensores remotamente situados. Scott, Thome e Brownlee (1996) apresentaram uma lista de sete itens que devem ser observados em relação a essa superfície:

a] deve apresentar radiância mais elevada ao longo de toda a faixa espectral analisada, pois isso reduz os erros ocasionados pelo espalhamento atmosférico. Sugere-se que devem ser observados valores de reflectância superiores a 30%;

b] deve estar posicionada a altitudes superiores a 1.000 m, devido à consequente redução de aerossóis e, portanto, dos erros das estimativas de suas concentrações e de suas características;

c] deve apresentar alta uniformidade espacial para facilitar sua caracterização espectral;

d] não deve apresentar significativas variações sazonais de brilho, o que implica que regiões desprovidas de vegetação são privilegiadas nesse quesito;

e] deve apresentar isotropia ao longo da maior faixa espectral possível;

f] deve apresentar homogeneidade espectral, ou seja, pouca variação nos valores de radiância (ou reflectância) ao longo de toda a sua extensão;

g] deve ser de fácil acesso.

Existem no mundo várias regiões que atendem parte desses quesitos, como aquelas mencionadas por Thome (2001): White Sands Missile Range, no Novo México, Railroad Valley Playa, em

Nevada, e Roach Lake Playa, na Califórnia, todas nos Estados Unidos, além de outras áreas, como o deserto de Gobi, na Ásia, e La Crau, na França. A Fig. 4.3 apresenta paisagens de algumas das superfícies mencionadas. Observa-se que são áreas relativamente planas com pouca ou nenhuma vegetação, o que lhes deve conferir estabilidade radiométrica ao longo do tempo e as demais características desejadas de uniformidade radiométrica e isotropia.

Price (1987) mencionou, em uma revisão que apresentou sobre calibração de sensores, adotando uma visão predominantemente de usuário das técnicas de Sensoriamento Remoto, a necessidade de avaliar o Salar de Uyuni, na Bolívia (Fig. 4.4), como uma alternativa de superfície de referência para o hemisfério sul, uma vez que todas as demais superfícies até então exploradas localizavam-se no hemisfério norte.

Fig. 4.3 Algumas superfícies de referência utilizadas em missões de calibração de sensores remotamente situados: (A) La Crau, (B) Deserto de Gobi, (C) Raibroad Valley Playa e (D) White Sands Missile Range

Fig. 4.4 Superfície do Salar de Uyuni, na Bolívia

Ponzoni et al. (2000) e Lamparelli et al. (2003) realizaram os primeiros trabalhos de avaliação e de utilização da superfície do Salar de Uyuni como objeto de referência para a calibração do sensor Thematic Mapper (TM), do satélite Landsat 5. Os autores concluíram que essa superfície presta-se à calibração radiométrica de sensores na região do visível e em parte do infravermelho próximo, e nas demais regiões espectrais foi verificada grande variação radiométrica, comprometendo a precisão das calibrações.

4.2 Escolha do radiômetro ou espectrorradiômetro

A escolha do radiômetro ou espectrorradiômetro que será utilizado durante a campanha de coleta de dados sobre a superfície de referência é um dos pontos fundamentais de qualquer campanha de calibração radiométrica e deve levar em consideração, em primeiro lugar, a amplitude espectral na qual o instrumento é capaz de atuar, que deve ser no mínimo coincidente ou maior do que a do sensor que se pretende calibrar.

Caso seja utilizado um radiômetro, deve-se tomar muito cuidado para que suas faixas espectrais de operação sejam não só coincidentes com aquelas de atuação do sensor que se pretende calibrar como também tenham suas funções de resposta espectral conhecidas, caso contrário não haverá garantia de que a comparação seja de fato viável, dada a possível incompatibilidade dos dados. Função de resposta é um parâmetro que descreve a sensibilidade espectral e radiométrica do sensor em uma faixa específica do espectro eletromagnético. A Fig. 4.5 apresenta a função de resposta do sensor CCD, do satélite CBERS-1.

A legenda apresentada ao lado direito dessa figura refere-se às faixas espectrais nas quais o sensor CCD atua. Essas faixas, assim como acontece com a maioria dos sensores remotamente situados, recebem o nome de *banda*. Desse modo, o sensor CCD atua em cinco diferentes bandas espectrais, representadas por B1, B2, B3, B4 e B5.

Por meio da análise do gráfico apresentado nessa figura, é possível observar que a amplitude espectral de B1, por exemplo, está aproximadamente compreendida entre 430 nm e 620 nm e que o ponto espectral mais sensível ocorre próximo a 500 nm. Já para B4, a amplitude espectral estende-se de aproximadamente 680 nm a 950 nm, com a região de máxima sensibilidade ocorrendo em aproximadamente 800 nm. Essas funções de resposta são importantes, pois informam que a radiância medida em determinada banda não é uma simples média aritmética de todas as radiâncias medidas dentro da amplitude espectral dessa banda, mas uma média ponderada pela sensibilidade. No caso de B5, o valor de radiância medido será mais representativo da região espectral localizada próximo a

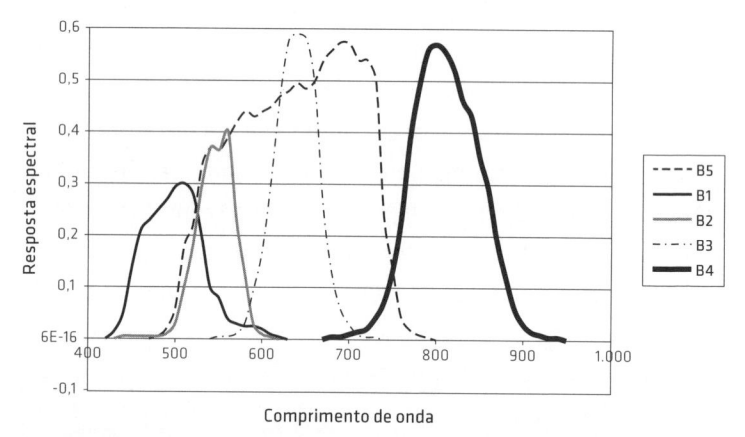

Fig. 4.5 Função de resposta do sensor CCD, do satélite CBERS-1
Fonte: Souza (2003).

700 nm, pois é nessa região que seus detectores são mais sensíveis. A condição ideal é observada em B3, em que a sensibilidade dos detectores é máxima aproximadamente no centro da banda.

As funções de resposta tanto do sensor que se pretende calibrar como daquele que será utilizado em campo devem ser comparadas, procurando-se identificar os equipamentos com maior coincidência. Para o caso de espectrorradiômetros, essa comparação não é tão importante, uma vez que esses instrumentos atuam em faixas muito estreitas do espectro eletromagnético em comparação com os sensores normalmente passíveis de calibração. Outro aspecto importante que deve ser observado na seleção de um radiômetro ou espectrorradiômetro em missões de calibração é a forma de funcionamento. Alguns instrumentos tomam medidas quase que instantaneamente, enquanto outros têm um período de integração maior. Normalmente, as missões de calibração são elaboradas concomitantemente à passagem do sensor a ser calibrado sobre a superfície de referência em um único momento do dia. A coleta de dados deve então ser feita o mais rápido possível, restringindo-se a escolha a equipamentos com aquisição igualmente rápida.

Por último, mas não menos importante, há o estado de calibração desse sensor a ser utilizado no campo. Caso o radiômetro ou espectrorradiômetro não tenha sido aferido ou calibrado em relação a alguma referência padrão, assim como o exemplo das fitas métricas utilizadas no dimensionamento da barra de ferro, no começo deste capítulo, os coeficientes de calibração determinados não terão validade universal.

4.3 Correção atmosférica

O termo *correção* parece aqui um tanto impróprio, uma vez que o que se pretende é agregar a interferência atmosférica a um valor de radiância coletado em campo supostamente livre dessa interferência. No entanto, o termo será mantido por ser corriqueiramente adotado por diversos pesquisadores em todo o mundo.

Para que a correção atmosférica seja conduzida, faz-se necessário primeiramente caracterizar a atmosfera de modo concomitante à realização das medidas radiométricas sobre a superfície de referência em campo e à passagem do sensor sobre essa mesma superfície. Essa caracterização é baseada em medições da irradiância solar direta realizadas com a utilização de um radiômetro denominado *fotômetro solar* (Fig. 4.6).

Fig. 4.6 Fotômetro solar Cimel CE 317, utilizado em medições da irradiância solar direta

Esse equipamento possui um dispositivo constituído basicamente por um tubo metálico dotado de um sistema simples de mira que permite seu apontamento direto para o disco solar. A REM incidente penetra pelo tubo, seguindo diretamente para o interior do instrumento, sem receber a componente de REM difusa pela atmosfera. O cálculo dessas medidas é expresso por:

$$V = V_0 \, D_S \, t_g \, e^{-\tau m} \tag{4.4}$$

Em que V é a medida realizada pelo fotômetro solar; V_0, um coeficiente; D_S, a distância Terra-Sol em unidades astronômicas (UA); t_g, a transmitância de gases; τ, a profundidade óptica da atmosfera; e m, o número de massa de ar.

Por meio de um fotômetro solar, determina-se o valor de V. Os demais parâmetros da Eq. 4.4 são então determinados como descrito a seguir.

A distância Terra-Sol D_S é determinada por:

$$D_S = \frac{1}{1 - 0{,}01673\cos\left[0{,}9856(J-4)\right]} \quad (4.5)$$

Em que J é o dia do ano.

A profundidade óptica da atmosfera τ é calculada por:

$$\tau = \tau_{RAYLEIGH} + \tau_{AEROSOLS} \quad (4.6)$$

Em que $\tau_{AEROSOLS}$ é a profundidade óptica decorrente do espalhamento causado pelos aerossóis, e $\tau_{RAYLEIGH}$, a profundidade óptica ocasionada pelo espalhamento Rayleigh, que é dada por:

$$\tau_{RAYLEIGH} = \frac{\left(84{,}35\lambda^{-4} - 1{,}255\lambda^{-5} + 1{,}4\lambda^{-6}\right)10^{-4} \times P}{1.013{,}25} \quad (4.7)$$

Em que P é a pressão atmosférica local em hPa, e λ, o comprimento de onda.

O número de massa de ar m é dado por:

$$m = \left[\frac{1}{\cos\theta_S + 0{,}15(93{,}885 - \theta_S)^{-1{,}253}}\right]\frac{P}{1.013{,}25} \quad (4.8)$$

Em que P é a pressão atmosférica em hPa, e θ_S, o ângulo zenital solar.

Aplicando o logaritmo natural em ambos os lados da Eq. 4.4, ela pode ser escrita como:

$$\ln\left[\frac{V}{D_S\, t_g}\right] = \ln V_0 - \tau\, m \quad (4.9)$$

A relação de $\ln[V/(D_S\, t_g)]$ versus m, para vários ângulos zenitais solares e assumindo uma atmosfera estável, resulta em um coeficiente V_0 (= $e^{intercept}$) e na profundidade óptica τ (= –inclinação).

Os procedimentos descritos referem-se a um método de caracterização atmosférica denominado método de Langley (Zullo Jr., 1994). A pressão atmosférica P deve ser estimada em campo pela aplicação de alguma metodologia mais familiar aos responsáveis pela missão de calibração.

De acordo com a fórmula de turbidez de Ångström (Ångström, 1929), a variação espectral da profundidade óptica $\tau_{AEROSOLS}(\lambda)$ pode ser escrita como:

$$\tau_{AEROSOLS}(\lambda) = \beta \ \lambda^{-\alpha} = 0,025423 \ \lambda^{-1,79247} \qquad (4.10)$$

Essa função apresentou $R^2 = 0,8556$.

Em que α é relacionado à distribuição do tamanho médio do aerossol e β é o coeficiente de turbidez de Ångström, que é proporcional à quantidade de aerossóis e ainda à visibilidade horizontal em km (VIS), de acordo com a Eq. 4.11, proposta por Deschamps, Herman e Tanré (1981).

$$\beta = 0,613 \ e^{\frac{-VIS}{15}} \qquad (4.11)$$

Em termos bem práticos, o valor de VIS é estimado por meio de observações em campo por pessoal treinado, frequentemente profissionais atuantes em aeroportos ou em bases militares, seguindo-se então o cálculo de β.

A variação espectral da profundidade óptica total $\tau(\lambda)$ pode ser dada por:

$$\tau(\lambda) = 0,00623 \ e^{\frac{1.651,527}{\lambda}} \qquad (4.12)$$

Essa função apresentou $R^2 = 0,9634$.

Na Eq. 4.12, normalmente se opta por centros de faixas espectrais muito influenciadas pelas concentrações de vapor d'água para os valores de λ.

O valor de t_g pode ser aproximado para 1 ou ser estimado por meio de:

$$t_g = e^{-0,6767 \ UW^{0,5093} \ m^{0,5175}} \qquad (4.13)$$

Em que m é o número de massa de ar e UW refere-se à umidade relativa do ar.

A equação do método de Langley (Eq. 4.9) pode ser então escrita como:

$$\ln\left[\frac{V\,e^{-\tau\,m}}{D_S}\right] = \ln V_0 - UW^{0,5093}\left(0,6767\,m^{0,5175}\right) \quad \text{(4.14)}$$

Com a resolução de todas essas equações, tem-se a estimativa da interferência da atmosfera sobre o valor de radiância determinado em campo.

4.4 Pré-processamento das imagens geradas pelo sensor a ser calibrado

Quando se descreveu resumidamente o funcionamento de um sensor, a conclusão foi de que esse equipamento registra a intensidade do fluxo refletido por um determinado objeto ou superfície, em diferentes comprimentos de onda, na forma de um número, denominado *número digital* (ND).

Cada sensor possui particularidades de projeto que implicam específicos procedimentos que visam garantir qualidade às imagens geradas. Essa qualidade pode ser expressa em termos radiométricos e/ou geométricos. Do ponto de vista radiométrico, é fundamental, por exemplo, que a imagem apresente uniformidade entre os valores dos NDs gerados por diferentes detectores atuando em uma faixa espectral específica. Para exemplificar o que está sendo tratado, imagine-se um sensor eletro-óptico dotado de um espelho rotativo e que gera, a cada rotação desse espelho, 16 linhas na imagem, sendo então dotado de 16 detectores por banda espectral de atuação. Toda a discussão apresentada sobre o funcionamento de um sensor pode ser agora incorporada ao funcionamento desse sensor hipotético. Assim, cada detector registrará valores diferentes de ND, pois cada um tem sensibilidade específica e traduzirá as intensidades de REM incidente de forma particular. Como consequência, a imagem resultante poderá apresentar faixas (listras) no sentido da rotação do espelho (varredura) decorrentes dessa diferença na "tradução" da intensidade da REM incidente.

Existem sensores que não funcionam com espelhos giratórios, mas com arranjos de detectores posicionados em linha, de modo que cada um é "responsável" pela observação de uma porção da superfície imageada. Nesse caso, semelhantemente ao que foi descrito em relação ao sensor dotado de espelho giratório, cada detector tem sua sensibilidade específica, que poderá introduzir desigualdades na tradução das intensidades da REM incidente, agora no sentido do deslocamento de toda a plataforma na qual o sensor foi colocado (satélite ou aeronave). Essas desigualdades precisam ser eliminadas com a aplicação de algoritmos de correção que incluem o uso de coeficientes que uniformizarão algebricamente os valores de ND, tornando as imagens aptas para serem disponibilizadas aos diferentes usuários. A Fig. 4.7 ilustra ambas as situações descritas na formação de uma imagem da banda 3 do sensor Thematic Mapper (TM), do satélite Landsat 5, e de uma imagem da mesma banda do sensor CCD, do satélite CBERS-1, as duas de uma porção da superfície do deserto de sal Salar de Uyuni, localizado nos altiplanos andinos.

Na imagem do sensor TM, principalmente na região mais clara, referente à superfície do Salar de Uyuni, é possível observar listras horizontais provenientes da diferença nas sensibilidades dos detectores desse sensor, que, graças ao movimento rotacional do espelho, recebem a REM refletida pelo terreno em linhas perpendiculares ao sentido de deslocamento do satélite. Na imagem do sensor CCD, as listras aparecem no sentido vertical, pois os detectores "observam" o terreno, compondo linhas coincidentes com o sentido de deslocamento do satélite.

Do ponto de vista geométrico, há de se considerar que uma imagem pictórica tenta representar radiometricamente uma determinada realidade. É, portanto, composta por uma coleção de medidas radiométricas extraída do ambiente ou de um simples objeto. A organização espacial dessa coleção é fundamental para que se possa extrair as informações necessárias e desejadas desse ambiente ou objeto com um mínimo de segurança e confiabilidade. Pensando no imageamento da superfície terrestre com o uso de sensores orbitais, é importante que cada *pixel* (elemento de resolução espacial) seja posicionado espacialmente de forma coerente, segundo um modelo cartográfico específico e da maneira mais fiel possível em relação ao seu verdadeiro posicionamento geográfico na superfície terrestre. Essa fidelidade é alcançada por meio da aplicação de modelos de correção geométrica, que não serão tratados neste livro. É importante notar apenas que a aplicação desses modelos implica modificações nos valores de ND em uma imagem pictórica original e que essas modificações devem ser levadas em conta quando se pretende trabalhar com a imagem como uma fonte de dados radiométricos, e não somente como uma "fotografia". Portanto, é necessária toda a atenção quando do uso de imagens corrigidas geometricamente.

TM/Landsat 5   CCD/CBERS-1

Fig. 4.7 Imagens da banda 3 dos sensores TM/Landsat 5 e CCD/CBERS-1, referentes a uma fração da superfície do Salar de Uyuni, na Bolívia

Retomando-se as correções radiométricas que estavam sendo tratadas anteriormente, pelo que foi mencionado, a aplicação dos tais coeficientes tem por objetivo uniformizar (algebricamente) as sensibilidades dos diferentes detectores que atuam em uma determinada faixa espectral, tornando a imagem resultante livre de listras ou ruídos indesejáveis. No entanto, cabe aqui uma pergunta: quando se aplicam coeficientes para uniformizar as sensibilidades dos detectores, não se está adulterando uma realidade radiométrica? Em outras palavras, a uniformização das sensibilidades radiométricas não estaria ocultando as melhores traduções das intensidades dos fluxos de REM refletidos por superfícies ou objetos? A resposta a essa pergunta requer o entendimento de algo importante que vai fundamentar toda a compreensão sobre os objetivos da calibração radiométrica absoluta de sensores. Antes que aquela pergunta seja respondida, será feita outra: no caso do sensor eletro-óptico hipotético com 16 detectores para cada faixa espectral de atuação, qual dos detectores estaria representando mais fielmente a intensidade do fluxo de REM refletido pela superfície imageada? Obtendo essa resposta, a uniformização das sensibilidades deveria ocorrer tomando como referência esse detector, pode-se dizer, mais correto. Contudo, é de se convir que descobrir qual detector é o mais correto seria uma tarefa custosa e de resultado com baixo grau de confiabilidade, por causa das dificuldades operacionais envolvidas em um experimento com esse objetivo. Assim, caberia a resposta afirmativa à primeira pergunta, formulada quanto à aplicação dos coeficientes que têm por objetivo uniformizar as sensibilidades dos detectores. Então, o que foi informado até o momento é que um sensor gera uma imagem bruta, cheia de imperfeições de ordem radiométrica e geométrica. Essas imperfeições são corrigidas de modo a garantir uniformidade radiométrica e confiabilidade geométrica às imagens geradas.

  Concentrando mais uma vez a atenção nos sensores orbitais, é importante observar que existem, ao redor do planeta, diversas agências autorizadas e capacitadas a receber e a processar dados enviados por um mesmo sensor. Cada agência tem autonomia para proceder a correções nesses dados, segundo seus próprios interesses e necessidades. Apesar disso, procura-se, tanto quanto possível, minimizar diferenças de geração de imagens de um mesmo sensor por diferentes agências. Assim, atualmente, se diferentes agências distribuem dados de um mesmo sensor, são estabelecidos critérios únicos de geração de imagens para facilitar comparações entre dados.

As etapas de uma missão de calibração absoluta de um sensor orbital em voo

A conceituação apresentada anteriormente tem sido explorada por diferentes agências ao redor do mundo segundo diferentes critérios e procedimentos. É fácil imaginar que, nas diferentes etapas inerentes a uma missão de calibração radiométrica absoluta, metodologias e procedimentos podem variar nesta ou naquela etapa em função do grau de conhecimento da equipe, do instrumental à disposição, dos custos envolvidos e da logística disponível. Essas diferenças foram consideradas fonte de dificuldades na comparação entre dados obtidos por diferentes sensores, gerenciados por diferentes países e/ou grupos de engenharia, considerando que atualmente existem vários sensores dedicados à observação da Terra. Assim, o Committee on Earth Observation Satellites (Ceos), composto por cientistas e engenheiros de diferentes nações, vem desenvolvendo atividades visando estabelecer alguma uniformidade entre as metodologias de calibração absoluta de sensores em voo adotadas por esses diferentes grupos e países.

No Ceos atuam vários grupos de trabalho, dentro dos quais ainda é possível encontrar subgrupos com atribuições específicas. É o caso do Working Group of Calibration and Validation (WGCV), que tem como principal objetivo definir procedimentos e metodologias especificamente na área de calibração absoluta em laboratório ou em voo e de validação dessa calibração. Dentro do WGCV atua o Infrared and Visible Optical Sensors Subgroup (Ivos), cuja missão é fazer cumprir as diretrizes do WGCV especificamente para sensores atuantes na região óptica do espectro eletromagnético.

A partir de 2005, as ações do Ivos se intensificaram e buscaram inicialmente identificar superfícies de referência ao redor do planeta que pudessem ser adotadas por diferentes agências em missões de calibração de sensores sob sua administração. Entre as superfícies elencadas por esse subgrupo, destaca-se o lago de sal Tuz Gölü, localizado na porção central do território da Turquia (Fig. 5.1).

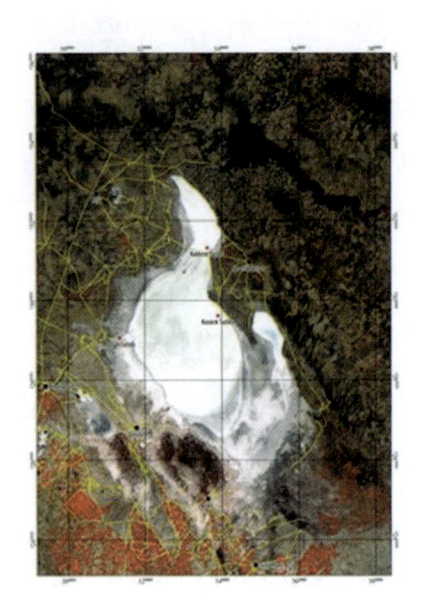

Fig. 5.1 Lago de sal Tuz Gölü, considerado uma superfície de referência oficial pelo subgrupo Ivos

Dadas as facilidades de acesso a essa superfície de referência, foi definido também que experimentos seriam conduzidos nela, visando à definição de procedimentos únicos a serem adotados por diferentes agências. Assim, em agosto de 2009 e de 2010 foram conduzidos experimentos em Tuz Gölü que contaram com a participação de diferentes países, entre eles o Brasil. Ficou estabelecido que toda missão de calibração deveria conter as seguintes etapas:

a] calibração dos radiômetros e painéis de referência em laboratório antes da coleta de dados sobre a superfície de referência;
b] caracterização espectral da superfície de referência em campo;
c] caracterização de parâmetros atmosféricos visando à correção atmosférica dos dados;
d] coleta de dados radiométricos durante a passagem do sensor sobre a superfície de referência;
e] calibração dos radiômetros e painéis de referência em laboratório depois da coleta de dados sobre a superfície de referência.

Evidentemente, após a conclusão da coleta de dados em campo, seguem-se os cálculos dos coeficientes de calibração absoluta. Esses cálculos dependem da preparação da imagem gerada pelo sensor a ser calibrado durante a coleta de dados em campo.

Em 2009, toda a atenção foi dada aos procedimentos e metodologias dedicados à calibração dos instrumentos (radiômetros e painéis de referência) antes e depois da realização da missão e às medidas radiométricas a serem conduzidas sobre a superfície.

Com relação à calibração dos radiômetros e painéis de referência antes e depois da realização da coleta de dados em campo, os procedimentos adotados não fogem muito daquilo que rotineiramente é praticado em trabalhos similares nos laboratórios de radiometria. Normalmente, para a calibração de radiômetros, utilizam-se esferas integradoras, como a mostrada na Fig. 5.2.

Para a calibração dos painéis de referência são utilizados uma fonte de iluminação e um sensor posicionados segundo uma geometria preestabelecida, conforme ilustrado na Fig. 5.3.

Na caracterização da superfície de referência em campo, conforme já comentado anteriormente, o que se busca é avaliar sua homogeneidade espectral e sua isotropia. Ainda em 2009, procurou-se definir um passo anterior referente a como efetivamente realizar as medidas radiométricas em campo, no que se

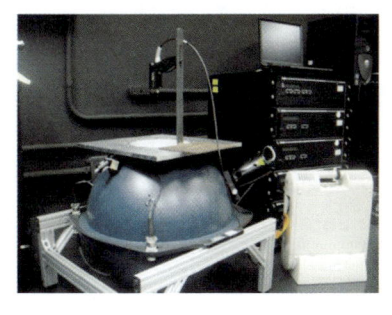

Fig. 5.2 Calibração em laboratório de radiômetro utilizando esfera integradora

Fig. 5.3 Calibração em laboratório de painel de referência

refere à caracterização tanto da superfície quanto de parâmetros atmosféricos.

A Fig. 5.4 ilustra uma sequência de diferentes procedimentos adotados por uma das equipes para a realização de medidas radiométricas sobre a superfície.

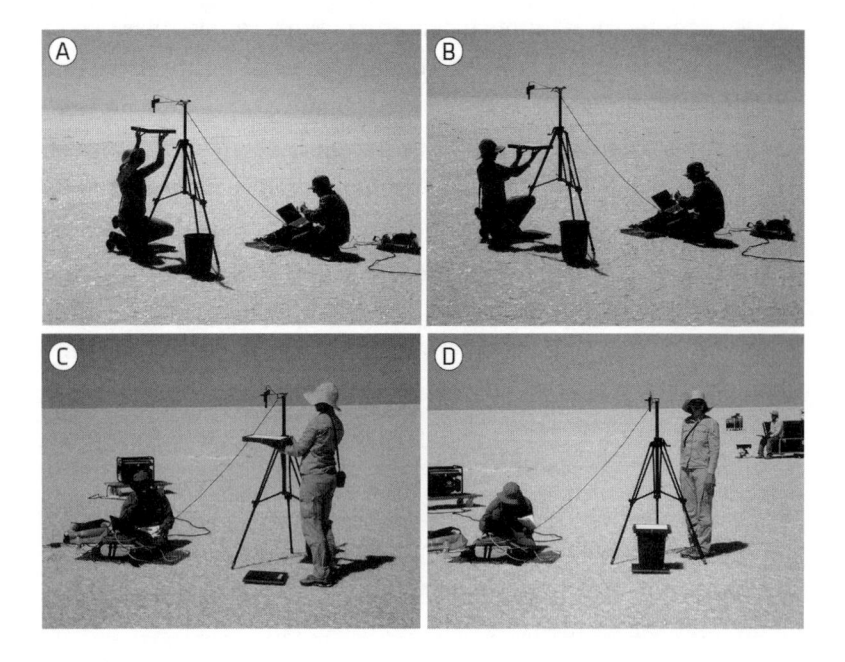

Fig. 5.4 Sequência experimental adotada por uma das equipes do Ivos visando à definição do procedimento a ser adotado na medição radiométrica sobre a superfície de referência

Na sequência apresentada nessa figura, pode ser observado que foi dada atenção ao posicionamento do painel de referência em relação à superfície e à unidade sensível do radiômetro. Outras equipes experimentaram outros procedimentos, conforme pode ser observado na Fig. 5.5 (p. 54).

Com relação à avaliação da isotropia da superfície de referência, foi experimentado o uso do goniômetro desenvolvido pelo National Physical Laboratory (NPL) (Fig. 5.6, p. 55).

Por meio do goniômetro, é possível realizar medidas radiométricas com o emprego de um único espectrorradiômetro, capaz de coletar quase que instantaneamente dados de diferentes geometrias de visada e de iluminação. Dessa forma, é possível conhecer valores de radiância espectral refletida pela superfície em diferentes geometrias, o que permite saber sua distribuição angular de reflectância bidirecional.

Em 2010, os experimentos foram mais dedicados à caracterização espectral da superfície e à calibração absoluta de diferentes sensores programados para sobrevoar Tuz Gölü naquela oportunidade. Os trabalhos concentraram-se sobre porções da superfície de referência previamente estabelecidas segundo a Fig. 5.7 (p. 55).

Observa-se nessa figura que existiram dois grupos de superfícies. O primeiro refere-se a uma grande superfície (porção superior esquerda da figura), com dimensões de 1 km × 1 km, na qual se procurou avaliar a estratégia a ser adotada quando o interesse for calibrar sensores dotados de resolução espacial menor (pixels de maior dimensão). Os retângulos localizados na porção inferior direita da figura representam delimitações de 100 m × 300 m (oito porções) que foram avaliadas individualmente, do ponto de vista espectral, por todas as equipes participantes. Os dois quadrados dispostos próximo a essas oito porções representam lonas pretas colocadas em campo visando à localização visual do sítio de calibração nas imagens orbitais que seriam posteriormente analisadas e utilizadas no cálculo dos coeficientes de calibração.

Após a execução desses experimentos em Tuz Gölü, as equipes enviaram seus dados para o NPL, em planilhas previamente formatadas, e seguiram-se comparações entre os resultados obtidos, as quais foram concluídas em reuniões realizadas com a presença de todos os participantes. Na oportunidade, foram também aprecia-

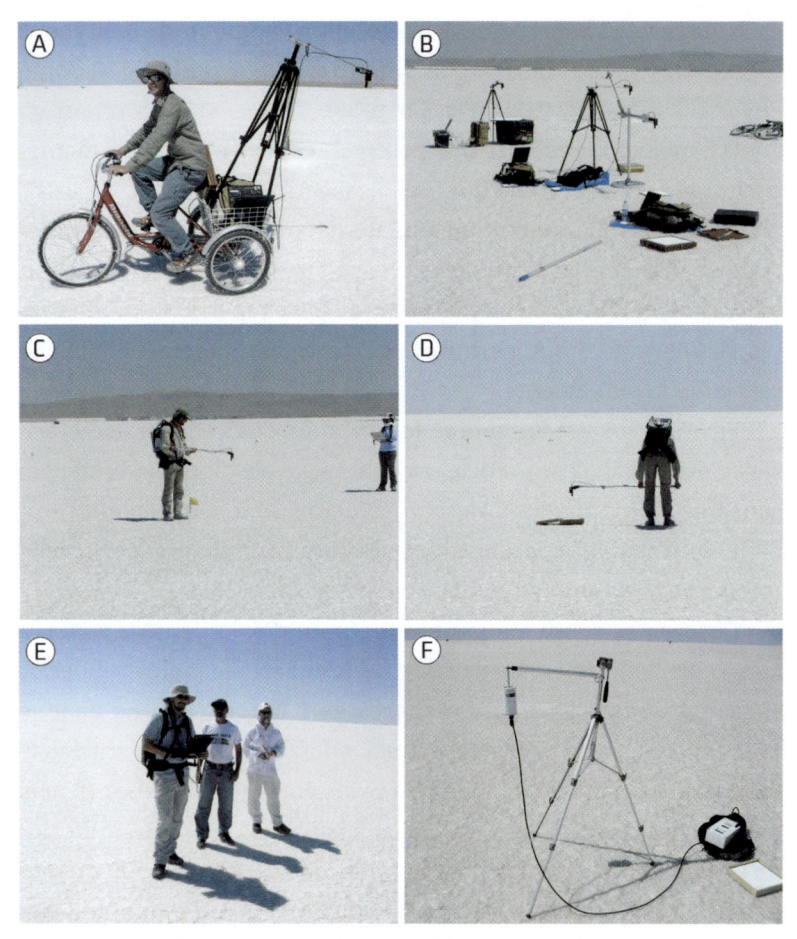

Fig. 5.5 Experimentos conduzidos por diferentes equipes visando ao estabelecimento de critérios na realização de medidas radiométricas sobre a superfície de referência

dos os resultados das calibrações dos diferentes sensores, quando foi possível identificar metodologias e critérios que poderiam ser adotados pelas diferentes agências em missões de calibração absoluta de sensores orbitais.

Atualmente, todas as agências que administram sensores orbitais dedicados à observação da Terra e atuantes no espectro óptico procuram seguir os critérios preconizados pelo Ivos.

5 as etapas de uma missão de calibração absoluta de um sensor orbital em voo 55

Fig. 5.6 Goniômetro desenvolvido pelo National Physical Laboratory (NPL) para a avaliação da isotropia de superfícies de referência

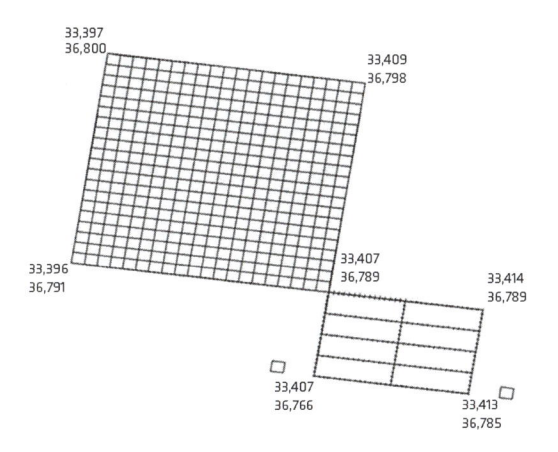

Fig. 5.7 Partição da superfície de referência adotada durante os experimentos conduzidos em Tuz Gölü em 2010

6 ESTIMATIVAS DE INCERTEZAS

Qualquer medição, por mais bem feita que seja, é sempre aproximada, porque apresenta incerteza intrínseca nas suas avaliações. Desse modo, quando se realiza uma medição, é importante representar o resultado corretamente, ou seja, é preciso relatar o resultado de maneira quantitativa (ABNT; Inmetro, 2003). Para tanto, são estimadas as incertezas de medição, que provêm de combinações de várias fontes, uma vez que as medições são influenciadas por agentes metrológicos, tais como método de medição, operador, condições ambientais, amostra e equipamento (Mendes; Rosário, 2005). Na Fig. 6.1, pode-se visualizar o diagrama de causa e efeito das fontes de incerteza associadas ao processo de medição.

Com isso, a incerteza deve levar em consideração, além da flutuação estatística dos dados, os aspectos experimentais da medição. Essas incertezas são agrupadas em duas categorias, em função do método utilizado para estimar seu valor: tipo A, que são as incertezas avaliadas por processos estatísticos, e tipo B, que são as avaliadas por processos não estatísticos.

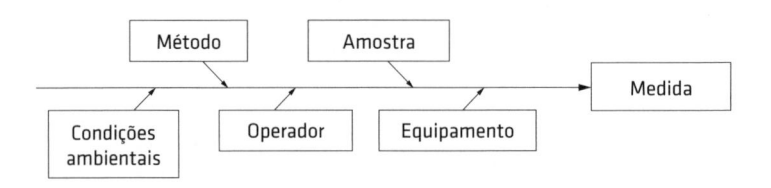

Fig. 6.1 Agentes metrológicos que influenciam o processo de medição
Fonte: Mendes e Rosário (2005).

6.1 Avaliação da incerteza do tipo A

O procedimento para estimar a incerteza do tipo A baseia-se em parâmetros estatísticos, estimados com base em valores de observações repetitivas do mensurando. No caso em que a medição é repetida N vezes exatamente nas mesmas condições, a melhor estimativa para o valor da grandeza é a média (Vuolo, 1999).

A qualidade de uma medição é tanto melhor quanto menor for a dispersão dos valores em torno da média. Assim, o desvio padrão amostral, σ_p, quantifica a dispersão estatística de uma série de medições. Entretanto, σ_p não corresponde à incerteza do valor mais provável (valor médio). A melhor estimativa não tendenciosa para a incerteza do tipo A, σ_A, é dada pelo desvio padrão do valor médio (ABNT; Inmetro, 2003; Vuolo, 1999), que estabelece a dispersão dos valores médios em relação ao valor verdadeiro. A incerteza do tipo A está, portanto, associada ao desvio padrão da média ($\sigma_{média}$) de uma série de medições:

$$\sigma_A = \sigma_{média} = \frac{\sigma_p}{\sqrt{N}} \tag{6.1}$$

Entre as fontes de incerteza do tipo A, pode-se citar a repetibilidade e a reprodutibilidade. A repetibilidade é o grau de concordância entre os resultados de medições sucessivas de uma mesma grandeza efetuadas sob as mesmas condições de medição (Inmetro, 2012) e está associada à probabilidade de que o valor do erro esteja dentro de uma determinada faixa. Assim, sempre que possível devem ser realizadas, sob as mesmas condições, repetições da medição de uma grandeza para obter as incertezas relacionadas à repetibilidade.

As condições de reprodutibilidade também contribuem como fonte de incerteza do tipo A. Reprodutibilidade (Inmetro, 2012) é o grau de concordância entre os resultados de medições de uma mesma grandeza efetuadas sob condições variadas de medição, por exemplo, duas medições feitas por dois operadores distintos utilizando o mesmo arranjo experimental, com os mesmos equipamentos. As incertezas relacionadas à reprodutibilidade da geometria do arranjo experimental precisam ser levadas em consideração (Mendes; Rosário, 2005), pois ao longo das medições ocorrem pequenas modificações nas condições geométricas do arranjo. Assim, da mesma maneira que se determina a repetibilidade, sempre que possível devem ser realizadas repetições da medição de uma grandeza para obter as incertezas relacionadas à reprodutibilidade.

6.2 Avaliação da incerteza do tipo B

A determinação da incerteza do tipo B é realizada por outros métodos que não a análise estatística de uma série de observações. É geralmente baseada em julgamento científico utilizando as informações disponíveis, que podem ser obtidas de (ABNT; Inmetro, 2003): (a) dados de medições anteriores; (b) experiência ou conhecimento geral do comportamento dos instrumentos utilizados; (c) especificações do fabricante; (d) informações provenientes de calibrações e de outros certificados; (e) incertezas atribuídas a dados de referência provenientes de manuais ou publicações; (f) procedimentos operacionais; e (g) efeitos das condições ambientais.

Um dos principais problemas na avaliação da incerteza do tipo B é que ela é muito subjetiva, pois depende bastante do conhecimento do avaliador sobre a grandeza que está sendo avaliada. Assim, a avaliação da incerteza do tipo B pode não ter tanta confiabilidade como a da incerteza do tipo A (ABNT; Inmetro, 2003).

6.3 Incerteza final

Depois de identificadas as fontes de incerteza (tipos A e B), pode-se estimar a incerteza final, que representa a influência das várias fontes de incerteza, obtida por meio de:

$$\sigma_{final} = \sqrt{\Sigma(\sigma_A)^2 + \Sigma(\sigma_B)^2} \qquad (6.2)$$

Em que $\Sigma(\sigma_A)^2$ e $\Sigma(\sigma_B)^2$ são a somatória quadrática de todas as incertezas com avaliação do tipo A e do tipo B, respectivamente. Por exemplo, em um experimento em que foram feitas medições de uma mesma grandeza, sendo determinada a variabilidade do sistema de medição em função da repetibilidade ($\sigma_{repetibilidade}$) e da reprodutibilidade ($\sigma_{reprodutibilidade}$), a incerteza final do tipo A é dada por (Mendes; Rosário, 2005):

$$\sigma_A = \sqrt{(\sigma_{repetibilidade})^2 + (\sigma_{reprodutibilidade})^2} \qquad (6.3)$$

Além disso, nesse experimento, várias fontes de incerteza foram avaliadas por métodos não estatísticos (incerteza do tipo B). Com isso, a incerteza final pode ser expressa por (Pinto, 2011):

$$\sigma_{final} = \sqrt{(\sigma_A)^2 + (\sigma_{B_1})^2 + (\sigma_{B_2})^2 + (\sigma_{B_3})^2 + \dots} \qquad (6.4)$$

6.4 Propagação das incertezas

Nas seções anteriores, foram discutidas as incertezas das grandezas obtidas em medições diretas (grandezas primárias). Entretanto, existem as grandezas obtidas de maneira indireta (grandezas secundárias), calculadas em função de outras grandezas. Nesse caso, para determinar as incertezas, deve-se estimar a influência das incertezas das grandezas primárias e combiná-las adequadamente. Por exemplo, uma grandeza g pode ser obtida com base em medidas de diversas grandezas primárias, de acordo com a função:

$$g = f(a, b, c, \dots) \qquad (6.5)$$

Em que g é a grandeza obtida indiretamente, definida em função das grandezas a, b, c..., que possuem incertezas associadas a elas.

Para quantificar a incerteza da grandeza g, deve-se realizar o tratamento estatístico denominado propagação das incertezas. Se existem correlações entre as grandezas primárias, ou seja, se as variáveis a, b, c... são dependentes, a incerteza de g é dada por (Vuolo, 1996; ABNT; Inmetro, 2003; Helene; Vanin, 1981):

$$\sigma_g^2 = \left(\frac{\partial g}{\partial a}\right)^2 \sigma_a^2 + \left(\frac{\partial g}{\partial b}\right)^2 \sigma_b^2 + \left(\frac{\partial g}{\partial c}\right)^2 \sigma_c^2 + \ldots + COV \qquad (6.6)$$

Em que $\frac{\partial g}{\partial a}$, $\frac{\partial g}{\partial b}$ e $\frac{\partial g}{\partial c}$ são a dependência da grandeza secundária, g, em relação às grandezas primárias a, b, c,..., respectivamente (também chamados de coeficientes de sensibilidade); σ_a, σ_b, σ_c,... são as incertezas das grandezas primárias a, b, c,..., respectivamente; e COV são as covariâncias, que representam as dependências entre as grandezas primárias. A dedução da fórmula de propagação das incertezas pode ser encontrada em Vuolo (1996).

É possível entender a covariância como a parte comum das incertezas de duas grandezas. Em alguns casos em que as grandezas são independentes, as covariâncias entre as grandezas primárias são iguais a zero. Assim, a Eq. 6.6 se resume em:

$$\sigma_g^2 = \left(\frac{\partial g}{\partial a}\right)^2 \sigma_a^2 + \left(\frac{\partial g}{\partial b}\right)^2 \sigma_b^2 + \left(\frac{\partial g}{\partial c}\right)^2 \sigma_c^2 + \ldots \qquad (6.7)$$

Na grande maioria dos casos, os dados são tratados como independentes, muito embora exista uma pequena covariância entre eles. Isso é feito porque, em alguns casos, calcular a covariância não é uma tarefa simples. Entretanto, quando existe correlação (ou seja, uma dependência) significativa entre as grandezas primárias, as covariâncias não podem ser ignoradas (ABNT; Inmetro, 2003).

6 estimativas de incertezas 61

6.5 Procedimento para a avaliação das incertezas

Segundo ABNT e Inmetro (2003), o processo para calcular e avaliar as incertezas do resultado de qualquer medição pode ser resumido em oito etapas:

1 Em geral, o mensurando não é medido diretamente, mas determinado com base em outras grandezas, conforme a Eq. 6.4. Assim, a primeira etapa para avaliar as incertezas é determinar e expressar essa função, que deve conter todas as grandezas que possam contribuir para a incerteza final do resultado da medição.

2 Estimar o valor de todas as grandezas de entrada a, b, c... da Eq. 6.5. Esse valor pode ser determinado, por exemplo, com base em análise estatística de uma série de observações.

3 Avaliar a incerteza de cada grandeza de entrada σ_a, σ_b, σ_c... da Eq. 6.6. Essa incerteza pode ser avaliada por análise estatística de uma série de observações (avaliação da incerteza do tipo A) ou por outros meios (avaliação da incerteza do tipo B).

4 Avaliar as covariâncias associadas às grandezas de entrada que sejam correlacionadas.

5 Como as grandezas de entrada foram estimadas na segunda etapa, é possível calcular o resultado da medição. Assim, nesta quinta etapa é estimado o valor do mensurando, por meio da relação funcional.

6 As incertezas e covariâncias associadas às grandezas de entrada foram determinadas na terceira e na quarta etapas, respectivamente. Com isso, a próxima etapa é determinar a incerteza do resultado da medição, por meio do procedimento de propagação das incertezas.

7 Toda incerteza está associada a um nível de confiança. Em geral, a incerteza do resultado de uma medição é expressa com um desvio padrão, com 68,27% de confiança, conhecido como *incerteza padrão* (ver Tab. 6.1). Entretanto, em alguns casos, é necessário apresentar um nível de confiança mais

alto. Nesse caso, é determinada a incerteza expandida, que é obtida pela multiplicação da incerteza padrão combinada por um fator de abrangência. Assim, se necessário, estimar a incerteza expandida.

8 Por fim, é determinado o resultado da medição com sua incerteza padrão ou incerteza expandida.

Tab. 6.1 Relação do fator de abrangência com o nível de confiança, assumindo-se uma distribuição normal

Nível de confiança (%)	Fator de abrangência (k)
68,27	1,000
90,00	1,645
95,00	1,960
95,45	2,000
99,00	2,576
99,73	3,000

Fonte: Mendes e Rosário (2005).

Calibração do sensor Thematic Mapper, do satélite Landsat 5

Agora que foram compreendidos os princípios do processo de calibração de um sensor remotamente situado, todos os aspectos apresentados serão revistos por meio de um exemplo real, conduzido por pesquisadores do Inpe e do Cepagri/Unicamp quando da calibração do sensor Thematic Mapper, do satélite Landsat 5, tendo como superfície de referência o Salar de Uyuni, localizado na Bolívia.

Vale salientar que naquela oportunidade não foi possível incluir todas as etapas necessárias para o desenvolvimento ideal da missão como um todo, incluindo o cálculo das incertezas associadas a todas essas etapas. A inclusão da descrição dessa missão de calibração radiométrica absoluta tem caráter ilustrativo.

Como se viu, o primeiro aspecto a ser considerado é a escolha da superfície de referência. Assim, seguindo a sugestão de Price (1987), que havia salientado o possível potencial da superfície do Salar de Uyuni para missões de calibração radiométrica de sensores orbitais, o primeiro passo foi caracterizar essa superfície, o que foi feito segundo os procedimentos descritos a seguir.

7.1 O Salar de Uyuni

A Fig. 7.1 apresenta a localização geográfica do Salar de Uyuni no contexto da América Latina.

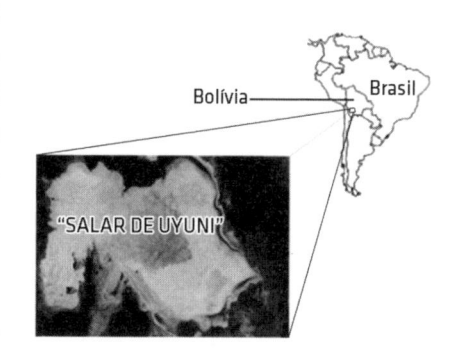

Fig. 7.1 Localização do Salar de Uyuni no contexto da América Latina

O Salar de Uyuni localiza-se nos altiplanos andinos bolivianos, a uma altitude média de 3.700 m, e ocupa uma superfície de aproximadamente 200 km × 100 km totalmente coberta por sal. Essa superfície fica coberta por uma fina camada de água na estação mais úmida do ano, que ocorre de dezembro a março, mas na estação mais seca, compreendida entre abril e novembro, a lâmina d'água desaparece, dando lugar ao sal homogeneamente distribuído.

O clima na região é caracterizado por temperaturas, umidades relativas e índices de pluviosidade baixos, conforme pode ser visto na Tab. 7.1.

Como pode ser observado nas Figs. 7.2 e 7.3, as chuvas são concentradas de dezembro a março. A primeira figura mostra a média e o desvio padrão dos níveis de precipitação mensal determinados em uma estação meteorológica próxima ao Salar de Uyuni entre 1987 e 1999. A segunda mostra o número médio de dias chuvosos no mesmo período e o desvio padrão.

As temperaturas são também muito baixas ao longo de todo o ano, sendo os valores mínimos alcançados em junho e julho, conforme pode ser observado na Fig. 7.4.

Os aspectos mencionados se referem somente ao clima da região, mas, como foi visto, também é importante caracterizar espectralmente a atmosfera com o máximo de detalhes possível,

Tab. 7.1 Dados meteorológicos médios referentes à região do Salar de Uyuni

Parâmetros	Jan.	Fev.	Mar.	Abr.	Maio	Jun.	Jul.	Ago.	Set.	Out.	Nov.	Dez.
Precipitação (mm)	72,9	25,6	24,5	3,1	0,7	1,9	0,0	2,9	0,9	3,1	5,2	30,1
Dias com chuva	10	5	5	2	0	0	0	0	0	1	1	4
Umidade relativa (%)	46	47	46	38	34	33	33	34	38	30	32	40
Temp. mín. (°C)	5,7	4,3	3,1	–1,4	–6,4	–9,2	–9,3	–7,2	–5,4	–2,5	0,9	2,7
Temp. máx. (°C)	20,9	20,3	20,0	18,8	15,4	13,2	13,8	15,4	16,9	19,5	21,1	21
Temp. média (°C)	13,3	12,3	11,6	8,8	4,5	2,0	2,3	3,7	5,7	8,5	11,0	11,7
Evaporação (mm)	6,9	5,7	6,2	5,8	4,7	4,5	4,3	5,4	7,2	7,4	8,1	8,1
Pressão (hPa)	654	654	649	648	654	655	656	656	653	653	654	653

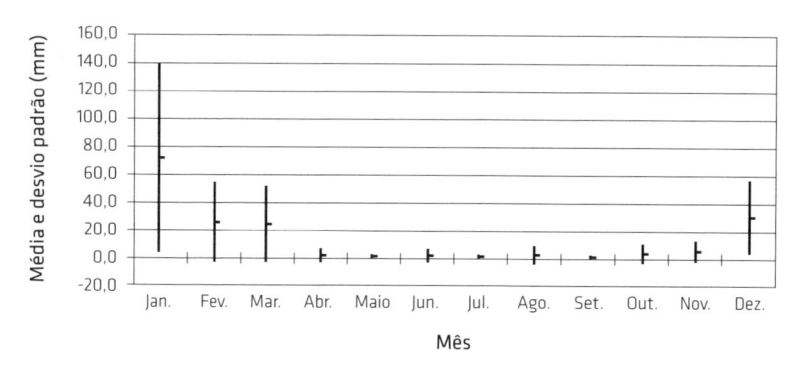

7 calibração do sensor Thematic Mapper, do satélite Landsat 5   65

Fig. 7.2   Precipitação média mensal na região do Salar de Uyuni entre 1987 e 1999 e desvio padrão

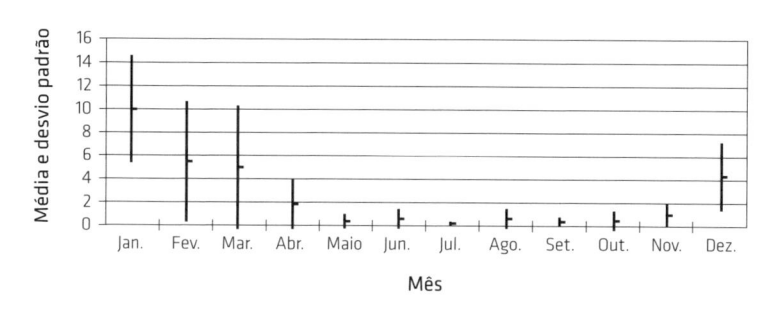

Fig. 7.3   Número médio de dias chuvosos na região do Salar de Uyuni entre 1987 e 1999 e desvio padrão

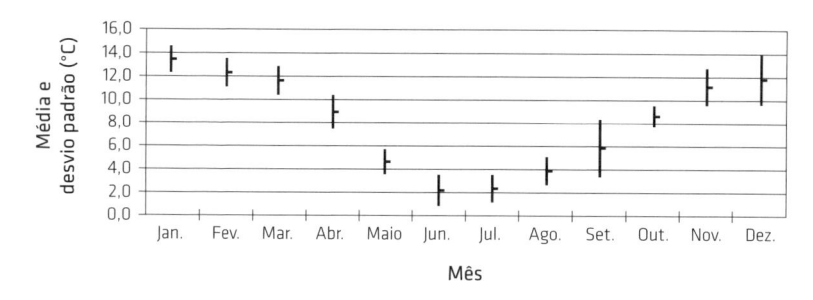

Fig. 7.4   Temperatura média mensal na região do Salar de Uyuni entre 1987 e 1999 e desvio padrão

o que foi feito por meio de um fotômetro portátil CE317/Cimel, já apresentado anteriormente, atuando nas seguintes faixas espectrais: B1 – 1.010 nm a 1.030 nm; B2 – 860 nm a 880 nm; B3 – 660 nm a 680 nm; B4 – 430 nm a 450 nm; e B5 – 926 nm a 946 nm. Os procedimentos descritos a seguir seguem rigorosamente os passos discutidos no Cap. 4. Optou-se por apresentar novamente as fórmulas para facilitar a compreensão de cada passo seguido. Assim, seguiram-se as medições da irradiância λ solar direta, que foi aplicada a:

$$V = V_0 \, D_S \, t_g \, e^{-\tau m} \qquad (7.1)$$

Em que V é a medida realizada pelo fotômetro solar; V_0, um coeficiente; e D_S, a distância Terra-Sol, dada pela Eq. 7.2.

$$D_S = \frac{1}{1 - 0,01673 \cos[0,9856 \, (J-4)]} \qquad (7.2)$$

Em que J é o dia do ano; t_g, a transmitância de gases ($\cong 1$ nas regiões espectrais mencionadas do CE317/Cimel); e τ, a profundidade óptica da atmosfera, calculada pela Eq. 7.3.

$$\tau = \tau_{RAYLEIGH} + \tau_{AEROSOLS} \qquad (7.3)$$

Em que $\tau_{AEROSOLS}$ é a profundidade óptica decorrente do espalhamento causado pelos aerossóis, e $\tau_{RAYLEIGH}$, a profundidade óptica ocasionada pelo espalhamento Rayleigh, dado pela Eq. 7.4.

$$\tau_{RAYLEIGH} = \frac{(84,35 \, \lambda^{-4} - 1,255 \, \lambda^{-5} + 1,4 \, \lambda^{-6}) \, 10^{-4} \, P}{1.013,25} \qquad (7.4)$$

Em que P é a pressão atmosférica local em hPa; λ, o comprimento de onda; e m, o número de massa de ar, dado pela Eq. 7.5.

7 calibração do sensor Thematic Mapper, do satélite Landsat 5   67

$$m = \left[\frac{1}{\cos\theta_S + 0,15 \cdot (93,885 - \theta_S)^{-1,253}}\right] \frac{P}{1013,25} \quad (7.5)$$

Em que P é a pressão atmosférica em hPa, e θ_S, o ângulo zenital solar.

Aplicando o logaritmo natural em ambos os lados da Eq. 7.1, ela pode ser escrita conforme:

$$\ln\left[\frac{V}{D_S t_g}\right] = \ln V_0 - \tau m \quad (7.6)$$

A relação de $\ln[V/(D_S t_g)]$ versus m, para vários ângulos zenitais solares e assumindo uma atmosfera estável, resulta no coeficiente V_0 (= $e^{intercept}$) e na profundidade óptica τ (= –inclinação). O método de Langley foi então usado para caracterizar a atmosfera com base em medidas realizadas nos dias 8/6/1999 e 9/6/1999, de acordo com a programação apresentada na Tab. 7.2. A pressão atmosférica média P durante esses dias foi de 638 hPa.

Tab. 7.2 Programação de coleta de dados para caracterizar a atmosfera

Data	DS	Número de amostras	Primeira medida			Última medida		
			Hora	θ_S	m	Hora	θ_S	m
8/6/1999	0,9709	10	9h25	62,0545	1,3380	16h56	77,9082	2,9404
9/6/1999	0,9707	16	8h35	71,5134	1,9668	16h45	75,5456	2,4836

O coeficiente V_0 e a profundidade óptica total τ para cada banda espectral foram calculados pelo método de Langley, cujos valores resultantes são apresentados na Tab. 7.3.

Tab. 7.3 Calibração do fotômetro

Banda do Cimel	$\lambda_{CENTRAL}$ (μm)	R^2	V_0	τ	$\tau_{RAYLEIGH}$	$\tau_{AEROSOLS}$
1	1,020	0,7924	6.792,6743	0,0380	0,0049	0,0331
2	0,870	0,6543	13.541,3060	0,0323	0,0093	0,0230
3	0,670	0,9547	17.970,7372	0,0772	0,0267	0,0505
4	0,440	0,9925	4.296,2593	0,2693	0,1491	0,1202

De acordo com a fórmula de turbidez de Ångström (1929), a variação espectral da profundidade óptica $\tau_{AEROSOLS}(\lambda)$ pode ser escrita como:

$$\tau_{AEROSOLS}(\lambda) = \beta \lambda^{-\alpha} = 0,025423 \, \lambda^{-1,79247} \qquad (7.7)$$

Essa função apresentou $R^2 = 0,8556$.

Em que α é relacionado com a distribuição do tamanho médio do aerossol e β é o coeficiente de turbidez de Ångström, que é proporcional à quantidade de aerossóis e ainda à visibilidade horizontal em km (VIS), de acordo com a Eq. 7.8, proposta por Deschamps, Herman e Tanré (1981).

$$\beta = 0,613 \, e^{\frac{-VIS}{15}} \qquad (7.8)$$

Assumindo β = 0,025423 (Eq. 7.6), então VIS ≅ 48 km, que corresponde a uma atmosfera clara ao nível do mar.

A variação espectral da profundidade óptica total $\tau(\lambda)$ pode ser dada por:

$$\tau(\lambda) = 0,00623 \, e^{\frac{1.651,527}{\lambda}} \qquad (7.9)$$

Essa função apresentou $R^2 = 0,9634$.

A banda do fotômetro Cimel centrada em 936 nm foi utilizada para estimar as concentrações de vapor d'água (UW), uma vez que existe uma importante banda de absorção em virtude da presença de vapor d'água nessa região espectral. A transmitância de gases t_g não foi aproximada para 1, como aconteceu nas demais bandas, mas estimada pela aplicação da Eq. 7.10, dada por Zullo Jr. et al. (1996).

$$t_g = e^{-0,6767\ UW^{0,5093}\ m^{0,5175}} \qquad (7.10)$$

Em que m é o número de massa de ar.

A Eq. 7.10 do método de Langley pode ser então escrita como:

$$\ln\left[\frac{V e^{-\tau \cdot m}}{D_S}\right] = \ln V_0 - UW^{0,5093}(0,6767\,m^{0,5175}) \qquad (7.11)$$

Usando os dados adquiridos nos dias 8 e 9 de junho de 1999 e assumindo que $\tau(0,936\text{ nm}) = 0,0364$, determina-se que $V_0 = 14.341,32$, UW = 0,1903 g/cm² e R² = 0,6736 para 26 pontos experimentais.

7.2 Escolha dos radiômetros a serem utilizados em campo

Para o caso específico desse trabalho realizado no Salar de Uyuni, optou-se pela utilização de um radiômetro Cimel CE 313-2 atuando em cinco bandas espectrais: B1 – 780 nm a 910 nm; B2 – 500 nm a 600 nm; B3 – 610 nm a 690 nm; B4 – 420 nm a 480 nm; e B5 – 1.425 nm a 1.750 nm. A Fig. 7.5 ilustra as funções de resposta dos detectores em cada banda espectral desse instrumento.

Apesar de as amplitudes espectrais serem ligeiramente diferentes daquelas das bandas espectrais do sensor TM/Landsat 5, optou-se por realizar o trabalho com o instrumento Cimel CE 313-2 por ser o que apresentava dados recém-calibrados, os quais garantiriam maior confiabilidade ao trabalho.

Se consideradas somente as bandas espectrais 2, 3 e 4 do sensor TM/Landsat 5, tem-se o grau de coincidência apresentado na Fig. 7.6 entre as funções de resposta desse sensor e do sensor Cimel CE 313-2.

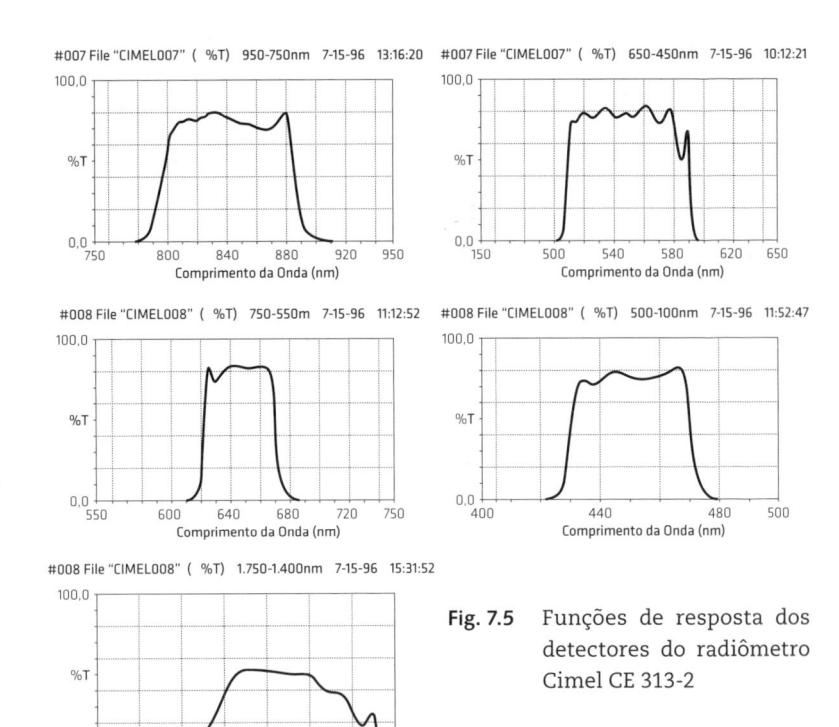

Fig. 7.5 Funções de resposta dos detectores do radiômetro Cimel CE 313-2

Observa-se na Fig. 7.6 que as funções de resposta dos dois sensores nessas três bandas espectrais não são totalmente coincidentes. De qualquer forma, mesmo entendendo ser essa mais uma fonte de erro no processo de calibração como um todo, decidiu-se por levar adiante o procedimento para uma posterior comparação com dados coletados com outros sensores em uma futura missão de calibração desse sensor TM/Landsat 5.

7.3 Imagens orbitais TM/Landsat 5 utilizadas para identificação de pontos amostrais

Inicialmente, foram adquiridas imagens TM/Landsat 5 referentes à órbita/ponto 233/74 do período compreendido entre os meses de março a julho dos anos de 1988 a 1997, totalizan-

7 calibração do sensor Thematic Mapper, do satélite Landsat 5

do dez imagens (uma por ano). As passagens utilizadas foram: 12/7/1988, 12/5/1989, 28/3/1990, 16/4/1991, 5/6/1992, 5/4/1993, 23/3/1994, 13/5/1995, 13/4/1996 e 19/6/1997.

Os dados contidos nessas imagens não sofreram qualquer tipo de correção radiométrica, limitando qualquer transformação àquelas referentes ao posicionamento geográfico dos *pixels*, e foi solicitado, portanto, o nível 4 de correção geométrica para facilitar os trabalhos de georreferenciamento das imagens.

A imagem de 12/7/1988 foi utilizada para efetuar o georreferenciamento por meio de cartas topográficas na escala 1:250.000. As cartas utilizadas foram: Villa Martin (SF-19-3), Salinas de Garci Mendoza (SE-19-15), Uyuni (SF-19-4) e Rio Mulato (SE-19-16). Para o georreferenciamento, assim como para todas as demais etapas de processamento de imagens e de manipulação de dados georreferenciados, foi utilizado o aplicativo Spring, desenvolvido pelo Instituto Nacional de Pesquisas Espaciais (Inpe).

Foram então identificados pontos homólogos de controle, visíveis tanto nas

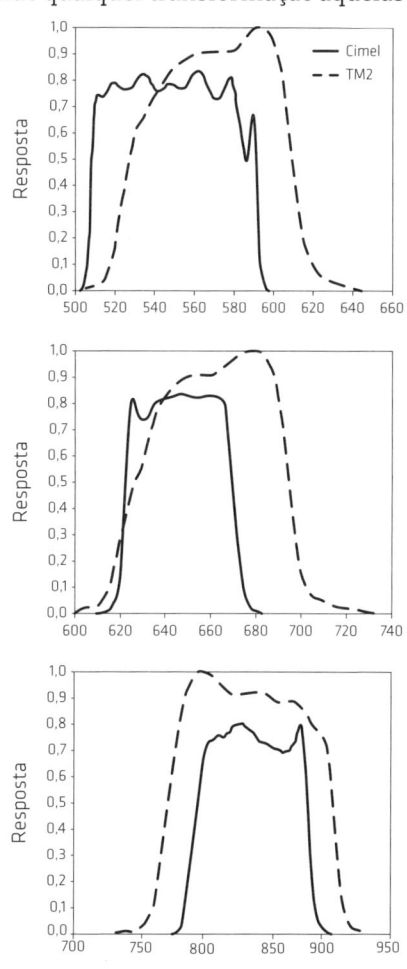

Fig. 7.6 Funções de resposta das bandas do radiômetro Cimel CE 313-2 e do sensor TM/Landsat 5

cartas topográficas quanto na imagem da passagem mencionada anteriormente. Considerou-se o georreferenciamento satisfatório quando foi atingido resíduo máximo de 1 pixel tanto no deslocamento vertical quanto no horizontal. O georreferenciamento das imagens das demais passagens foi elaborado com base no "registro" imagem-imagem, assumindo a imagem de 1988 como referência. Seguiu-se o mesmo critério de resíduo máximo de 1 pixel para considerar concluído o georreferenciamento nessa etapa.

Uma vez georreferenciadas, as imagens foram inseridas no Spring mediante a concepção de um projeto definido pelas coordenadas geográficas 20°40'00"S, 68°17'00"W, 19°45'00"S e 66°45'00"W, tendo como projeção UTM e datum horizontal SAD69. Essas coordenadas abrangiam uma superfície menor do que aquela compreendida pela imagem, procurando concentrar a cena quase exclusivamente sobre a superfície do Salar de Uyuni. Seguiu-se a transformação das imagens que continham valores de Números Digitais (NDs) nas chamadas imagens-reflectância, que passaram a conter valores de reflectância aparente (RA) em cada pixel. Essa transformação foi possível por meio da elaboração de um algoritmo específico em linguagem Legal (Linguagem Especial para o Geoprocessamento Algébrico), própria do aplicativo Spring. Nesse algoritmo, foram levados em consideração o ângulo de elevação solar e os índices de calibração (Lmín e Lmáx) para cada banda espectral, os quais foram definidos no pré-lançamento, e os valores de irradiância solar (E_{Sol}) estimados no topo da atmosfera, também para cada banda espectral. Ao final de cada equação, os valores de RA foram multiplicados por 255 com o objetivo de facilitar a visualização na tela do computador.

Como resultado dessas transformações, originaram-se 11 (passagens, incluindo a imagem referente ao ano de 1999) × seis (bandas) imagens RA, as quais foram então utilizadas para avaliar as alterações espectrais do Salar de Uyuni em cada uma das seis bandas espectrais. As imagens RA (uma para cada passagem,

7 calibração do sensor Thematic Mapper, do satélite Landsat 5   73

excluindo a passagem de 1999) referentes a uma dada banda espectral foram submetidas ao processamento de outro algoritmo, agora com o objetivo de determinar valores de coeficiente de variação em cada *pixel*. Desse processamento, originaram-se seis imagens (uma para cada banda espectral), cada uma contendo valores de coeficientes de variação em cada *pixel*. Essas imagens foram então "fatiadas", ou seja, os coeficientes de variação foram discretizados em faixas, que passaram a constituir classes. As faixas adotadas são apresentadas na Tab. 7.4.

Tab. 7.4   Classes de coeficientes de variação adotadas na elaboração das imagens-CV

Classe	Nível	Amplitude (%)
1	Baixíssimo	00-05
2	Muito baixo	06-10
3	Baixo	11-15
4	Médio inferior	16-20
5	Médio	21-30
6	Médio superior	31-40
7	Alto inferior	41-50
8	Alto	51-60
9	Alto superior	61-70
10	Muito alto	71-80
11	Altíssimo	81-100

Cada uma das classes apresentadas nessa tabela recebeu uma cor distinta, e foram então elaboradas as imagens-CV, que permitiram a identificação de regiões da superfície do Salar de Uyuni que apresentavam menores variações de brilho em cada região espectral ao longo dos dez anos considerados. Essas regiões foram então consideradas aptas para a localização da área-teste a ser caracterizada espectralmente em campo. A Fig. 7.7 apresenta as imagens-CV resultantes para cada uma das bandas espectrais do sensor TM.

Observa-se nessa figura que as áreas mais estáveis radiome-

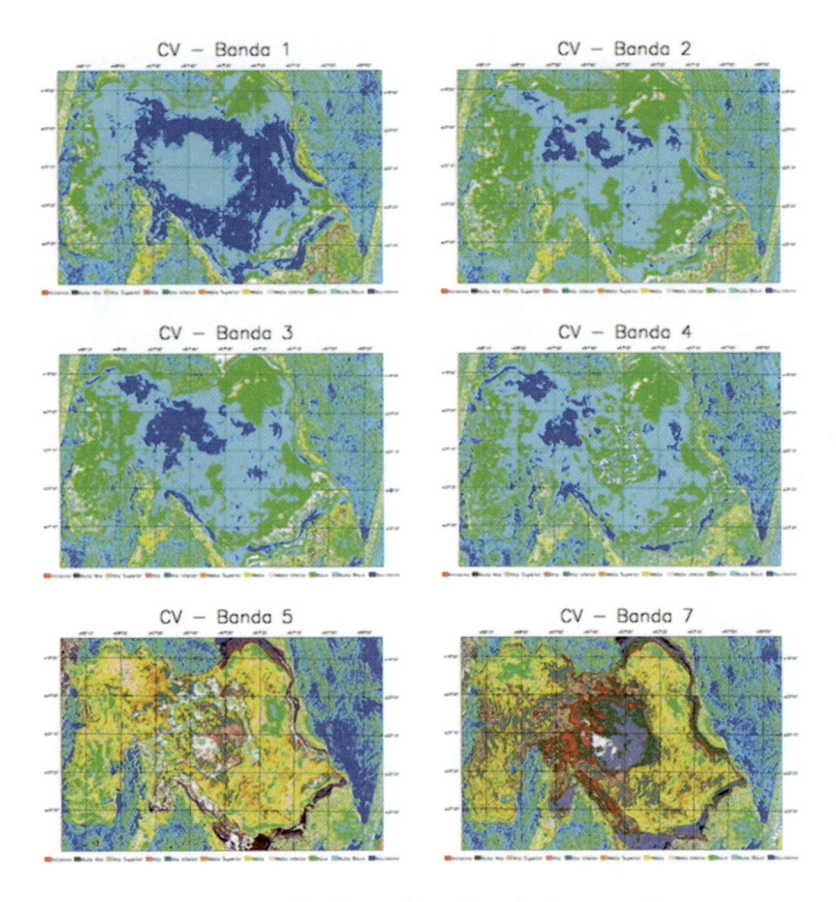

Fig. 7.7 Imagens-CV utilizadas na identificação de pontos de amostragem em campo

tricamente ocorreram nas regiões do visível e do infravermelho próximo (bandas 1, 2, 3 e 4), e para o infravermelho médio (bandas 5 e 7) as áreas mais estáveis ocorreram fora da superfície do Salar de Uyuni, indicando que o fator umidade da superfície acarreta interferências indesejáveis que a tornam não muito atraente para ser considerada como referência na calibração de sensores atuantes nessa faixa espectral.

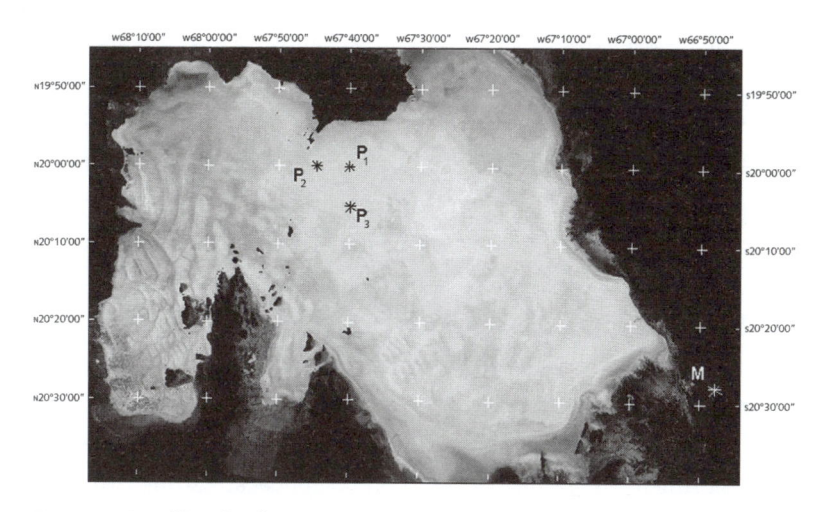

7 calibração do sensor Thematic Mapper, do satélite Landsat 5

Fig. 7.8 Localização dos pontos amostrais sobre a superfície do Salar de Uyuni

Foi decidido, portanto, guiar-se pelos coeficientes de variação apresentados para as bandas 1, 2, 3 e 4, o que resultou na localização dos pontos amostrais apresentada na Fig. 7.8, cujas coordenadas geográficas encontram-se na Tab. 7.5.

Para as bandas TM5 e TM7 foi escolhido um único ponto, próximo ao povoado de Hirira (67°34.773'W e 19°52.258's), cuja superfície tem o aspecto observado na Fig. 7.9.

Após o trabalho de campo, as imagens originais (com valores de números digitais) foram encaminhadas

Tab. 7.5 Coordenadas geográficas dos pontos amostrados sobre a superfície do Salar de Uyuni

Ponto	Latitude	Longitude
P_1	20°00'S	67°40'W
P_2	20°00'S	67°45'W
P_3	20°05'S	67°40'W

Fig. 7.9 Aspecto da superfície do ponto amostral utilizado para comparar dados radiométricos das bandas TM5 e TM7

ao Centro de Ensino e Pesquisa em Agricultura da Universidade de Campinas (Cepagri/Unicamp) para serem transformadas em imagens em reflectância de superfície (RS) mediante a aplicação do modelo de correção atmosférica 5S, por meio do aplicativo Scoradis (Sistema de Correção Radiométrica de Imagens de Sensoriamento Remoto), desenvolvido pela própria instituição. O objetivo dessa transformação foi avaliar a correção do efeito da atmosfera em uma região onde, supostamente, esse efeito deveria ser mínimo sobre os dados radiométricos existentes nas imagens TM. Vale salientar que as imagens CVs utilizadas para a realização do trabalho de campo foram geradas com base nas imagens RA, uma vez que não se dispunha de dados que permitissem a aplicação do algoritmo 5S. Tais dados somente se tornaram disponíveis após a realização do trabalho de campo.

7.4 Trabalho de campo

O trabalho de campo foi realizado entre os dias 7/6 e 9/6/1999, e foi assim programado em função da data de passagem do satélite (Landsat 5) sobre a área em questão, que foi 9/6. O dia 7/6 foi totalmente destinado ao deslocamento ao Salar de Uyuni. Em 8/6 foi efetuado o reconhecimento da área, procurando-se avaliar as facilidades de deslocamento entre os três pontos previamente selecionados, o tempo para a preparação dos equipamentos nos pontos selecionados para as medições e para a realização de algumas medidas radiométricas, segundo os procedimentos que deveriam ser seguidos durante o dia 9, no momento da passagem do satélite.

Para a realização das medidas radiométricas, foram utilizados os seguintes equipamentos:
- dois radiômetros (Cimel modelo CE 313-2) atuando nas bandas espectrais B1 – 746 nm a 928 nm; B2 – 595 nm a 701 nm; B3 – 464 nm a 634 nm; B4 – 410 nm a 490 nm; B5 – 1.475 nm a 1.805 nm; e B6 – 746 nm a 928 nm;

- um fotômetro solar (Cimel II) da marca Cimel, modelo CE 317, atuando nas bandas B1 – 1.010 nm a 1.030 nm; B2 – 860 nm a 880 nm; B3 – 660 nm a 680 nm; B4 – 430 nm a 450 nm; e B5 – 926 nm a 946 nm;
- um radiômetro infravermelho termal da marca Everest, modelo 112.2L, atuando na faixa compreendida entre –30 °C e +100 °C;
- um espectrorradiômetro da marca Li-cor, modelo LI-1800, atuando na faixa espectral compreendida entre 300 nm e 1.100 nm.

Para a coleta de dados radiométricos sobre a superfície do Salar de Uyuni foram utilizadas hastes telescópicas em "L" para suportar as unidades ópticas dos radiômetros, cujas alturas de sustentação sobre a superfície do terreno podiam ser reguladas. Para posterior cálculo dos fatores de reflectância, foram também coletados dados radiométricos provenientes de placas de referência de $BaSO_4$. A Fig. 7.10 ilustra a configuração adotada para a realização das medidas radiométricas por meio do radiômetro Cimel CE 313-2, que aparece fixo em um ponto da superfície coletando dados radiométricos ao longo de todo um dia de trabalho. Essas medidas tiveram como objetivo permitir, mesmo que parcialmente e de modo incompleto, a isotropia da superfície. Ressalta-se que essa avaliação somente seria plenamente realizada com a utilização de um goniômetro,

Fig. 7.10 Configuração adotada para as medidas radiométricas com o radiômetro Cimel CE 313-2

como aquele mostrado na Fig. 5.6.

A coleta de dados com esses radiômetros foi feita com os operadores (duplas) percorrendo uma trajetória em forma de cruz, sendo que cada eixo da cruz continha três pontos, observando sempre o posicionamento da unidade de coleta do equipamento, procurando mantê-la voltada para o Sol (evitando o sombreamento da região amostrada) e tomando as medidas com visada vertical. A altura dessa unidade de coleta do radiômetro em questão foi fixada em 1,75 m acima do solo, de forma a manter uma região circular de amostragem em torno de 0,075 m². Essa altura foi regulada por meio da haste telescópica, conforme pode ser observado na Fig. 7.10.

O fotômetro solar foi utilizado para coletar dados referentes às radiações direta e difusa provenientes do Sol (radiação direta) e do céu (radiação difusa), como já descrito anteriormente. Já o radiômetro infravermelho termal foi utilizado para estimar a temperatura da água (Lago Titicaca) e da superfície do Salar de Uyuni durante a realização das medidas radiométricas. Esses dados foram utilizados na etapa de correção atmosférica da imagem 233/74 do dia 9/6/1999, quando foi realizado o trabalho de campo no Salar de Uyuni. A Fig. 7.11 ilustra o procedimento de coleta de dados da radiação direta.

O radiômetro infravermelho termal Everest foi então utilizado para medir a temperatura da superfície do Salar de Uyuni, sendo que cada dado de temperatura foi estimado por meio da média de 9 pontos, amostrados aleatoriamente, com o aparelho colocado verticalmente a 1,50 m. Ele foi operado manualmente com o braço esticado e voltado para o Sol para evitar sombreamento e que houvesse influência do operador em seu campo de visada.

O espectrorradiômetro Li-cor LI-1800 foi utilizado para

Fig. 7.11 Procedimento de coleta de dados da radiação direta

coletar dados radiométricos de um único ponto do Salar de Uyuni durante todo o dia, com o objetivo de avaliar as características isotrópicas de reflexão da sua superfície. As medidas foram iniciadas aproximadamente às 12h00 e seguiram-se em intervalos de 30 minutos até as 17h00. O radiômetro foi mantido fixo em um local previamente selecionado e as medidas referentes à superfí-

Fig. 7.12 Configuração adotada no uso do radiômetro Li-cor LI-1800

cie do Salar de Uyuni foram intercaladas com medidas realizadas sobre as placas de referência para posterior cálculo dos fatores de reflectância. A Fig. 7.12 ilustra a configuração adotada para essas medições radiométricas.

Ainda com o objetivo de fornecer dados para realizar a correção atmosférica da imagem 233/74 de 9/6/1999, foram utilizados outros instrumentos, como o anemômetro totalizador da marca Veb, modelo 16B, que mede a velocidade do vento por períodos de 1 minuto, e um barômetro da marca Fisher para medir a pressão atmosférica. Foram também coletadas amostras de sal extraídas da superfície do Salar de Uyuni, o mais próximo possível dos pontos dos quais foram coletados os dados radiométricos. Essas amostras foram acondicionadas em papel alumínio e sacos plásticos para posterior determinação de seus teores de umidade. Para tanto, as amostras foram levadas a um laboratório, onde foram pesadas e, em seguida, levadas a uma estufa para serem mantidas aquecidas a aproximadamente 70 °C durante 48 horas. Após esse período de secagem, as amostras foram novamente pesadas, e a diferença de peso foi atribuída ao peso de água. Esses teores foram utilizados também na correção atmosférica da referida imagem. A Fig. 7.13 ilustra a operação de extração de amostras da superfície do Salar de Uyuni.

Fig. 7.13 Procedimento de extração de amostras da superfície do Salar de Uyuni

Para a navegação e o registro das coordenadas dos pontos sobre os quais foram realizadas as medidas radiométricas, tanto no Lago Titicaca quanto no Salar de Uyuni, foram utilizados dois GPSs March III.

7.5 Processamento dos dados de campo

Os dados oriundos das medições radiométricas realizadas sobre as placas de referência a partir dos radiômetros Cimel CE 313-2 foram calibrados utilizando uma curva de calibração de outra placa de referência, confeccionada com um material comercialmente conhecido por Spectralon, existente no Laboratório de Radiometria do Instituto Nacional de Pesquisas Espaciais (Larad/Inpe). Essa calibração consistiu em dividir os dados de radiância bidirecional registrados com as placas de referência em campo com aqueles oriundos da placa Spectralon, a fim de evitar possíveis diferenças entre os fatores de reflectância bidirecional (FRBs) obtidos pelo uso de diferentes placas. Uma vez calibrados, foram calculados os FRBs dividindo-se as radiâncias bidirecionais da superfície do Salar de Uyuni pelas mesmas radiâncias bidirecionais (agora calibradas) provenientes das placas de referência. Ainda sobre esses FRBs, vale salientar que, após essa etapa de calibração e a determinação de seus respectivos valores, foi calculada uma média aritmética entre os dados medidos em cada ponto, que passaram a representar a medida radiométrica de um dado ponto considerado.

Procedimento semelhante foi adotado no processamento dos dados oriundos do radiômetro Li-cor LI-1800, resultando em espectros de FRB ditos corrigidos e referentes aos diferentes horários considerados de medição. Esses dados foram comparados entre si para identificar possíveis tendências em seus valores que pudessem indicar influência marcante da geometria de iluminação sobre os FRBs. A não ocorrência de influência marcante serviria como indicativo de que dados coletados em horários muito diferentes daqueles coincidentes com a passagem do satélite poderiam ser também utilizados nas análises pretendidas de comparação entre esses dados e aqueles existentes nas imagens orbitais.

A Eq. 7.12 refere-se aos cálculos que originaram os valores de FRB, tanto para os radiômetros Cimel quanto para o Li-cor LI-1800.

$$R = \frac{ER_s}{EI} = \frac{Cont_s\, F}{Cont_p\, \varepsilon\, F} = \frac{Cont_s}{Cont_p\, \varepsilon} \qquad (7.12)$$

Em que R é a reflectância da superfície, que se trata, neste caso, de FRB; ER_s, a energia refletida pela superfície; EI, a energia incidente sobre a placa de $BaSO_4$; $Cont_s$, o valor ou contagem fornecida pelo aparelho para a medida da superfície; $Cont_p$, o valor ou contagem fornecida pelo aparelho para a medida da placa no mesmo momento; F, o fator de conversão da contagem do aparelho para unidade de energia; ε, a eficiência de reflexão da placa.

Os valores de ε para a placa utilizada foram medidos em laboratório para 250 pontos do espectro eletromagnético e interpolados para todo o espectro de abrangência dos aparelhos, de 2 nm em

2 nm, utilizando-se interpolação linear simples. Dessa forma, a reflectância do Li-cor LI-1800 foi corrigida pela simples divisão de seus valores pelo valor de ε correspondente a determinado ponto do espectro. Para os aparelhos Cimel, obteve-se a eficiência média (ε_m) para cada uma das bandas de seus filtros.

Os demais dados, referentes à velocidade do vento e à irradiância direta (fotômetro Cimel), foram utilizados na caracterização da atmosfera, conforme descrito anteriormente.

7.6 Principais resultados alcançados

7.6.1 Isotropia

Uma das primeiras dúvidas que se tinha a respeito das características espectrais da superfície do Salar de Uyuni referia-se à influência das alterações da geometria de iluminação sobre os FRBs medidos em diferentes horários. Os dados coletados com o radiômetro Li-cor LI-1800 foram utilizados com o objetivo de conhecer essa influência, apesar de, como mencionado anteriormente, haver consciência de que a estratégia adotada nessa caracterização da isotropia da superfície não era a melhor. A condição ideal seria utilizar um goniômetro, como ilustrado na Fig. 5.6, mas infelizmente isso não foi possível. Assim, a manutenção do radiômetro Li-cor LI-1800 fixo sobre a superfície, coletando dados durante todo o dia, permitiu apenas avaliar as características direcionais da reflexão da radiação pela superfície em um único plano direcional, e não em todas as direções. De qualquer forma, a Tab. 7.6 contém os FRBs determinados em cada um dos horários especificados utilizando-se o radiômetro em questão. Já a Tab. 7.7 apresenta os valores dos coeficientes de variação para cada banda em questão e para os dois dias de medições.

Observa-se que, nas duas ocasiões, os valores de CV excederam os 5% preconizados pela literatura. Apesar disso, optou-se por considerá-los satisfatórios. Para melhor visualizar a dinâmi-

7 calibração do sensor Thematic Mapper, do satélite Landsat 5   83

Tab. 7.6 Valores de FRB para cada horário específico em dois dias de medições radiométricas

Dia 8	13h30	14h00	14h30	15h00	15h30	16h00	16h30	17h00
Banda 1	70,81	71,523	70,922	73,504	74,69	81,081	75,119	70,297
Banda 2	72,672	72,92	73,434	74,894	76,321	83,222	77,119	72,015
Banda 3	74,6	74,958	75,11	77,11	77,119	84,493	80,445	71,035
Banda 4	75,518	75,465	75,031	75,649	75,649	84,519	81,217	69,239

Dia 9	12h00	12h30	13h00	13h30	14h00	14h30	15h00	15h30	16h00	16h30	17h00
Banda 1	78,966	74,686	80,829	74,167	78,327	80,13	74,388	76,854	74,299	81,699	71,632
Banda 2	81,542	75,871	83,678	75,695	77,307	79,225	75,803	78,961	76,996	84,263	71,538
Banda 3	82,883	77,604	84,946	76,625	79,02	80,989	77,227	80,248	80,454	86,253	68,952
Banda 4	77,202	78,151	81,798	77,517	78,502	80,399	79,337	81,687	82,814	90,94	83,734

ca desses valores de FRB, a Fig. 7.14 apresenta esses mesmos valores sob a forma gráfica.

Foram coletados dados nos dois dias de permanência no Salar de Uyuni. No dia 8/6/1999, não foi possível coletar dados no horário mais próximo de 12h00, uma vez que as equipes estavam reconhecendo o local e estabelecendo os preparativos

Tab. 7.7 Valores dos coeficientes de variação (cv) para cada banda espectral em cada um dos dias de medições radiométricas

Dia 8	CV (%)
Banda 1	5,442207
Banda 2	5,443237
Banda 3	5,943694
Banda 4	6,638495
Dia 9	
Banda 1	5,442207
Banda 2	5,443237
Banda 3	5,943694
Banda 4	6,638495

das operações que deveriam ser conduzidas no dia seguinte, que seria o da passagem do satélite sobre o Salar de Uyuni.

Observando os gráficos da Fig.7.14 e atentando para os valores das ordenadas, pode-se verificar que, apesar das aparentes variações, suas amplitudes são relativamente pequenas ao longo dos horários em questão. Diante desses resultados, decidiu-se por considerar que a superfície do Salar de Uyuni, ao menos para a amplitude espectral considerada, teve comportamento isotrópico (lambertiano).

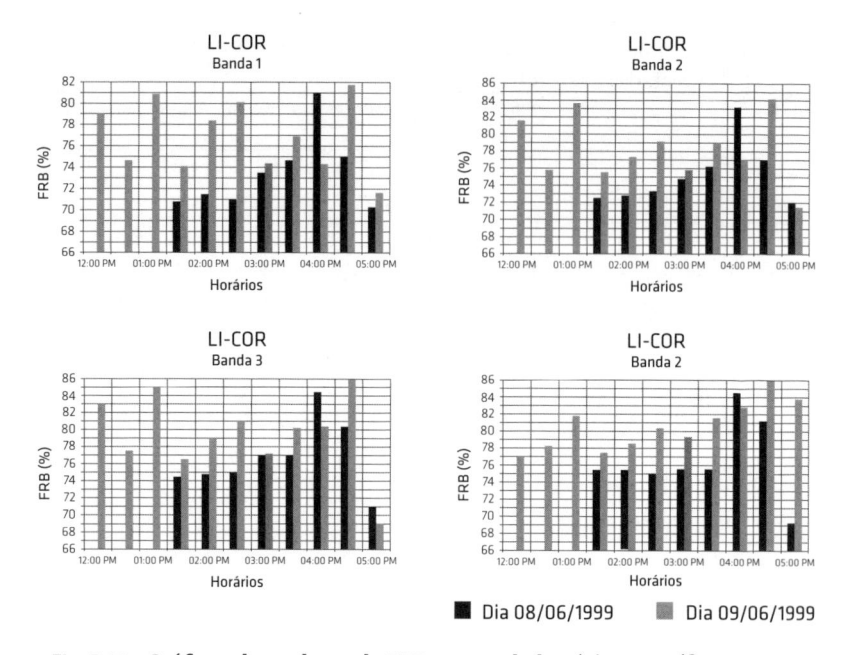

Fig. 7.14 Gráficos dos valores de FRB para cada horário específico

7.6.2 Homogeneidade radiométrica da superfície do Salar de Uyuni

A homogeneidade radiométrica da superfície do Salar de Uyuni foi avaliada levando em consideração os dados radiométricos oriundos dos três pontos amostrados em campo. O objetivo foi verificar se em cada banda espectral analisada havia diferenças significativas entre os valores de FRB. Foi aplicado então o teste de Kruskall-Wallis, uma vez que foram identificadas diferenças significativas nas variâncias das populações, o que inviabilizou a aplicação de testes paramétricos. A Tab. 7.8 apresenta os resultados da aplicação desse teste. Na tabela, o termo "precisão" corresponde às incertezas em estimar valores de FRB usando valores médios e foi calculado por meio da divisão do erro padrão médio pela média.

7 Calibração do sensor Thematic Mapper, do satélite Landsat 5   85

Tab. 7.8 Parâmetros estatísticos relacionados aos dados experimentais coletados nos pontos amostrais

Ponto P₁ (20°00'S ; 67°40'W)					
Parâmetros	B4 TM1	B3 TM2	B2 TM3	B1 TM4	B5 TM5
Intensidade amostral			31		
Média (%)	75,14	75,51	75,63	76,09	28,44
Desvio padrão (%)	4,13	4,56	4,45	5,01	2,71
Coef. de variação (%)	5,49	6,04	5,89	6,58	9,54
Erro padrão da média (%)	0,74	0,82	0,80	0,90	0,49
Precisão (%)	0,98	1,09	1,06	1,18	1,72
95% Interv. confiança (%)	73,69	73,90	74,06	74,33	27,48
	76,59	77,12	77,20	77,85	29,40
Ponto P₂ (20°00'S; 67°45'W)					
Parâmetros	B4 TM1	B3 TM2	B2 TM3	B1 TM4	B5 TM5
Intensidade amostral			18		
Média (%)	70,29	70,39	70,83	72,60	30,75
Desvio padrão (%)	4,58	5,02	4,85	4,60	2,46
Coef. de variação (%)	6,52	7,13	6,85	6,33	7,99
Erro padrão da média (%)	1,08	1,18	1,14	1,08	0,58
Precisão (%)	1,54	1,68	1,61	1,49	1,89
95% Interv. de confiança (%)	68,17	68,08	68,60	70,48	29,61
	72,41	72,70	73,06	74,72	31,89
Ponto P₃ (20°05'S; 67°40'W)					
Parâmetros	B4 TM1	B3 TM2	B2 TM3	B1 TM4	B5 TM5
Intensidade amostral			28		
Média (%)	69,89	69,09	68,96	68,47	25,42
Desvio padrão (%)	7,71	8,30	9,04	9,60	4,00
Coef. de variação (%)	11,03	12,02	13,11	14,02	15,73
Erro padrão da média (%)	1,46	1,57	1,71	1,81	0,76
Precisão (%)	2,09	2,27	2,48	2,64	2,99
95% Interv. confiança (%)	67,03	66,01	65,61	64,92	23,93
	72,75	72,17	72,31	72,02	26,91
	Porcentagem de variação (Ponto-base - Ponto P₁)				
Ponto P₂	6,45	6,79	6,34	4,58	−8,12
Ponto P₃	6,98	8,52	8,82	10,01	10,65

Os valores médios de FRB dos três pontos foram comparados por meio do teste de Kruskall-Wallis, cujos resultados encontram-se apresentados na Tab. 7.9.

Tab. 7.9 Valores de H do teste de Kruskall-Wallis

Banda Cimel	B4	B3	B2	B1	B5
Equivalência TM	TM1	TM2	TM3	TM4	TM5
Crítico*	6,64	6,64	6,64	6,64	6,64
Pontos $P_1 \times P_2$	11,28774	9,93720	10,33333	*3,64043*	8,79526
Pontos $P_1 \times P_3$	9,68317	12,40184	12,18894	12,29516	9,68317
Pontos $P_2 \times P_3$	*0,36930*	*0,00050*	*0,00000*	*3,16160*	19,86018

*Valores críticos da distribuição χ^2, com 99% de probabilidade.

Nessa tabela, os valores em itálico indicam que as médias não foram diferentes a um nível de significância de 0,01.

A diferença significativa encontrada para a banda 5 pode ser explicada pela já comentada interferência da umidade sobre os valores de FRB. Esse resultado comprovou aquilo que se observara visualmente na análise das imagens CV, e deve ser levado em consideração quando da intenção de utilizar a superfície do Salar de Uyuni como referência na calibração de sensores atuantes nessa faixa espectral. Nas demais regiões espectrais analisadas aqui, a superfície do Salar de Uyuni apresenta as características ideais que a tornam viável de ser utilizada como referência, porém foram identificadas diferenças entre valores médios de FRB entre os pontos amostrais, sugerindo que um procedimento de calibração deve ser realizado para cada ponto especificamente.

7.7 Calibração absoluta do sensor TM utilizando dados do Salar de Uyuni

Levando em conta os resultados apresentados anteriormente, seguiu-se a calibração absoluta do sensor TM, do satélite Landsat 5, que passou sobre o Salar de Uyuni no dia 9/6/1999, concomitantemente à coleta de dados radiométricos em campo.

7 calibração do sensor Thematic Mapper, do satélite Landsat 5   87

É importante comparar as funções de resposta dos sensores Cimel e TM para verificar que há uma sensível semelhança entre elas, o que permitiu a condução da calibração, conforme já apresentado na Fig. 7.6. A Tab. 7.10 apresenta os valores de FRB determinados em campo para as bandas 2, 3 e 4.

Tab. 7.10 Valores de FRB determinados em campo para as bandas 2, 3 e 4

Ponto	Dados	TM2	TM3	TM4
1	ρ (%)	75,5134	75,6255	76,0866
	δ^2 (%)	0,2081	0,1986	0,2510
	CV (%)	6,0415	5,8924	6,5843
	N	31	31	31
2	ρ (%)	72,6016	70,8301	70,3872
	δ^2 (%)	0,2520	0,2354	0,2114
	CV (%)	7,1319	6,8503	6,3323
	N	18	18	18
3	ρ (%)	69,0857	68,9516	68,4681
	δ^2 (%)	0,6896	0,8171	0,9213
	CV (%)	14,0190	13,1101	12,0198
	N	28	28	28

Conforme mencionado anteriormente, a calibração absoluta de um sensor remotamente situado utilizando uma superfície de referência é feita pelo cálculo de um coeficiente, denominado coeficiente de calibração, que é o resultado da relação entre o valor de radiância que deveria explicar o número digital verificado na imagem e esse número digital. Sendo assim, os valores de reflectância ou, como no caso dos dados do Salar de Uyuni, os valores de FRB devem ser submetidos a um processo de "correção" atmosférica e ainda ser convertidos para valores de radiância. O resultado dessa correção e transformação serão valores de radiância aparente, que representariam os valores de radiância efetivamente medidos pelo sensor, provenientes da superfície do Salar de Uyuni, e influenciados por uma atmosfera que foi caracterizada por medidas realizadas em campo, conforme também já foi descrito.

Os coeficientes de calibração (A) foram calculados para as bandas 2, 3 e 4. O sistema Scoradis de correção atmosférica, fundamentado no algoritmo 5S (Tanré et al., 1990), foi aplicado para calcular os valores de radiância aparente (L_{sat}) no topo da atmosfera utilizando os valores de FRB determinados em campo. Foram ainda determinados valores médios de números digitais ($ND_{médio}$) extraídos das imagens utilizando uma matriz de 3 × 3 centrada nas coordenadas de cada ponto amostrado em campo. O coeficiente de calibração absoluta A (números digitais por unidade de radiância) foi calculado por meio da divisão da radiância aparente L_{sat} pela média dos números digitais $ND_{médio}$. Todo o procedimento adotado encontra-se descrito no fluxograma da Fig. 7.15. Vale salientar que foram utilizadas imagens disponibilizadas em nível 0.

Esse procedimento foi adotado em cada um dos pontos amostrais de campo, uma vez que os resultados referentes à homogeneidade radiométrica da superfície do Salar de Uyuni indicaram diferen-

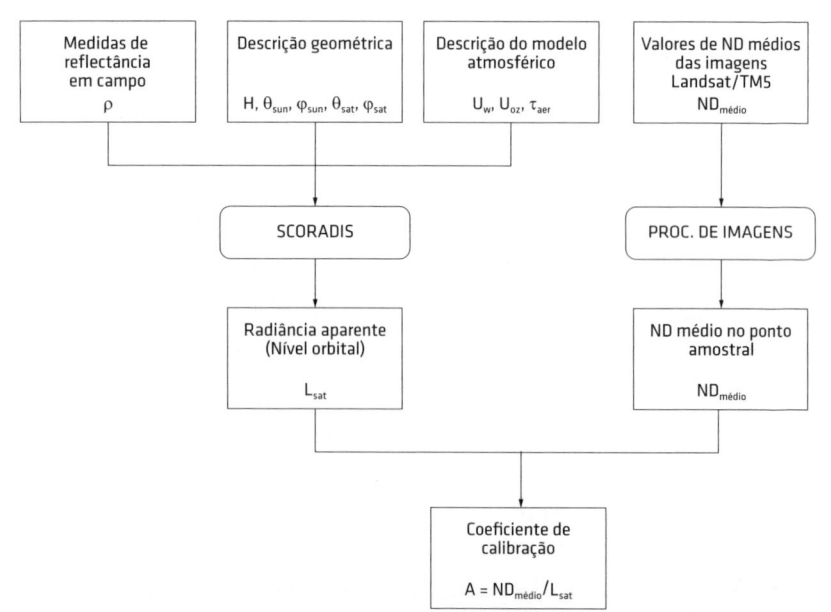

Fig. 7.15 Fluxograma dos procedimentos adotados na calibração absoluta

ças significativas entre os valores de FRB medidos em campo nos três diferentes pontos amostrais. As Tabs. 7.11 e 7.12 apresentam os coeficientes de calibração e alguns importantes parâmetros para cada um dos pontos amostrais.

Teillet et al. (2001) determinaram coeficientes de calibração para o mesmo sensor TM no mesmo ano de realização do experimento em Uyuni (1999). Os autores aplicaram um método de calibração fundamentando-se em dados de outro sensor, que, nesse caso, foi o Enhanced Thematic Mapper Plus (ETM+), do satélite Landsat 7, e compararam seus resultados com aqueles alcançados por dois distintos grupos de pesquisadores que utilizaram uma metodologia semelhante à utilizada em Uyuni, mas em duas superfícies de referência distintas. Um dos grupos foi o da Arizona University (UA), que utilizou uma superfície localizada na região de Railroad Valley Playa (RVPN - Nevada, EUA), e o outro foi o da South Dakota State University (SDSU), que utilizou uma superfície na região de Niobrara (Nebraska, EUA). A calibração conduzida por Teillet et al. (2001) é

Tab. 7.11 Condições geométricas e descrição do modelo atmosférico

Condições geométricas	
Data	9/6/1999
Tempo universal – H	14,03
Ângulo zenital solar – θ_{sun}	56,03°
Ângulo azimutal solar – φ_{sun}	41,63°
Ângulo zenital de visada – θ_{sat}	0,00°
Ângulo azimutal de visada – φ_{sat}	0,00°
Pressão – P	639 hPa
Descrição do modelo atmosférico	
Conteúdo de água – U_w	0,190 g/cm^2
Conteúdo de ozônio – U_{Oz}	0,300 cm.atm
Tipo de aerossol	Continental
Espessura óptica a 550 nm – t	0,171

Tab. 7.12 Coeficientes de calibração

Bandas do TM	TM2	TM3	TM4
Menores comprimentos de onda (μm)	0,500	0,590	0,730
Maiores comprimentos de onda (μm)	0,650	0,750	0,945
Transmitância total de gases – t_g	0,918	0,942	0,981
Irradiância no topo da atmosfera (W/m²/μm)	1.782,790	1.503,850	1.017,752
Irradiância na superfície (W/m²/μm)	909,645	787,667	550,298
Ponto 1			
Reflectância de superfície – ρ	0,747	0,747	0,746
Reflectância aparente – ρ_{sat}	0,667	0,688	0,716
Radiância aparente – L_{sat} (W/m²/sr/μm)	211,395	183,879	129,587
Número digital médio – $ND_{médio}$	147,87	179,87	148,39
Número digital por unidade de radiância – A	**0,6994**	**0,9782**	**1,1451**
Ponto 2			
Reflectância de superfície – ρ	0,692	0,700	0,727
Reflectância aparente – ρ_{sat}	0,617	0,644	0,698
Radiância aparente – L_{sat} (W/m²/sr/μm)	195,760	172,230	126,260
Número digital médio – $ND_{médio}$	144,75	176,03	146,80
Número digital por unidade de radiância – A	**0,7395**	**1,0221**	**1,1627**
Ponto 3			
Reflectância de superfície – ρ	0,674	0,670	0,667
Reflectância aparente – ρ_{sat}	0,601	0,616	0,640
Radiância aparente – L_{sat} (W/m²/sr/μm)	190,680	164,820	115,800
Número digital médio – ND_{med}	148,04	180,07	149,16
Número digital por unidade de radiância – A	**0,7764**	**1,0925**	**1,2881**

costumeiramente denominada *calibração cruzada*. A Tab. 7.13 apresenta os coeficientes determinados na campanha realizada em Uyuni e nas demais campanhas descritas por Teillet et al. (2001), bem como outros dados que permitem uma comparação entre eles.

Excetuando os coeficientes determinados nos pontos 2 e 3, aqueles determinados no ponto 1 apresentaram valores relativamente próximos aos determinados pelos demais grupos de pesquisadores, apesar das diferenças de –14,42% na banda 4 (SDSU) e de –10,35% na banda 2 (UA).

As diferenças entre os coeficientes determinados nos três diferentes pontos da superfície do Salar de Uyuni podem ser explicadas

Tab. 7.13 Coeficientes de calibração determinados para o sensor TM em 1999, em Uyuni, e por outros grupos de pesquisadores da UA e da SDSU

	P_1Uyu	UA	SDSU	RVPNcruz	NIOBcruz
Banda 2	0,6994	0,627	0,662	0,6561	0,674
Banda 3	0,9782	0,8953	0,904	0,905	0,8939
Banda 4	1,1451	1,111	0,98	1,082	1,081

Dif %					
Banda 2		−10,3517	−5,3474	−6,1910	−3,6317
Banda 3		−8,4747	−7,5854	−7,4831	−8,6179
Banda 4		−2,9779	−14,4180	−5,5104	−5,5978
	P_2Uyu	UA	SDSU	RVPNcruz	NIOBcruz
Banda 2	0,7395	0,627	0,662	0,6561	0,674
Banda 3	1,0221	0,8953	0,904	0,905	0,8939
Banda 4	1,1627	1,111	0,98	1,082	1,081

Dif %					
Banda 2		−15,2130	−10,4801	−11,2779	−8,8573
Banda 3		−12,4058	−11,5546	−11,4568	−12,5428
Banda 4		−4,4465	−15,7134	−6,9407	−7,0267
	P_3Uyu	UA	SDSU	RVPNcruz	NIOBcruz
Banda 2	0,7764	0,627	0,662	0,6561	0,674
Banda 3	1,0925	0,8953	0,904	0,905	0,8939
Banda 4	1,2881	1,111	0,98	1,082	1,081

Dif %					
Banda 2		−19,2427	−14,7347	−15,4946	−13,1891
Banda 3		−18,0503	−17,2540	−17,1625	−18,1785
Banda 4		−13,7489	−23,9190	−16,0003	−16,0779

pela sua relativa heterogeneidade espectral, comprovada por Lamparelli et al. (2003). Essa heterogeneidade não é traduzida nos dados orbitais, uma vez que, observando as imagens, é possível verificar que os NDs ao longo de grandes extensões da superfície e em uma banda específica (excetuando as bandas do infravermelho médio, que são muito afetadas pelas variações de umidade superficial) apresentam pouca variação, conforme pode ser observado na Tab. 7.14.

Tab. 7.14 Matriz 5 × 5 pixels no ponto 1 da superfície do Salar de Uyuni

Banda 1	Pixel 1	Pixel 2	Pixel 3	Pixel 4	Pixel 5
Pixel 1	148	147	149	149	147
Pixel 2	148	150	147	148	148
Pixel 3	147	148	146	147	147
Pixel 4	149	150	149	148	149
Pixel 5	149	149	148	148	149
Banda 2	Pixel 1	Pixel 2	Pixel 3	Pixel 4	Pixel 5
Pixel 1	180	181	179	180	179
Pixel 2	179	180	181	181	180
Pixel 3	180	180	179	180	179
Pixel 4	182	182	182	181	183
Pixel 5	181	180	181	181	182
Banda 3	Pixel 1	Pixel 2	Pixel 3	Pixel 4	Pixel 5
Pixel 1	148	149	149	149	148
Pixel 2	147	147	148	147	146
Pixel 3	149	148	148	148	149
Pixel 4	149	149	150	150	148
Pixel 5	150	150	150	150	150

Nessa tabela, o valor central das matrizes encontra-se sombreado e representa o valor de um determinado pixel no centro do ponto 1 na superfície do Salar. Os valores apresentados ao redor desse ponto central representam os valores de ND dos pixels vizinhos ao ponto 1. Observa-se que as variações são relativamente pequenas. Uma caracterização radiométrica realizada em campo certamente revelaria maior heterogeneidade espectral da superfície.

7.8 Considerações finais

A calibração radiométrica absoluta de qualquer sensor remotamente situado tem como objetivo permitir a transformação de um valor de ND contido em imagens geradas em diferentes faixas espectrais em valores de radiância. Essa transformação é importante sobretudo em trabalhos que requeiram o estabelecimento de relações entre a radiometria da imagem e parâmetros geofísicos ou biofísicos de objetos/recursos naturais existentes na superfície terrestre.

É importante destacar que, ao se transformarem valores de ND de diferentes faixas espectrais provenientes de uma mesma cena, os dados de diferentes imagens (de diferentes faixas espectrais) passam a ser comparáveis entre si, bem como operações aritméticas entre dados de diferentes faixas espectrais passam a ser possíveis, tais como a geração de índices de vegetação e razões entre bandas. Além disso, a comparação temporal e de diferentes sensores entre dados de uma mesma faixa espectral, mas obtidos em momentos diferentes, também se torna possível, desde que alguns procedimentos que garantam a minimização da interferência da atmosfera e até da calibração do próprio sensor ao longo do tempo sejam aplicados convenientemente.

É fundamental que o usuário de dados orbitais sempre certifique dos procedimentos de pré-processamento aplicados às imagens para que sejam adotados os procedimentos corretos, que assegurem confiabilidade às transformações dos valores de ND em valores físicos como radiância ou reflectância.

Referências Bibliográficas

ABNT - ASSOCIAÇÃO BRASILEIRA DE NORMAS TÉCNICAS; INMETRO - INSTITUTO NACIONAL DE METROLOGIA, QUALIDADE E TECNOLOGIA. *Guia para a expressão da incerteza de medição*: terceira edição brasileira. Rio de Janeiro, 2003. 120 p.

ÅNGSTRÖM, A. On the atmospheric transmission of sun radiation and on dust in the air. *Geografiska Annaler*, v. 2, p. 156-166, 1929.

CHEN, H. S. *Remote sensing calibration systems*: an introduction. Hampton: A. Deepak Publishing, 1997. 238 p.

DESCHAMPS, P. Y.; HERMAN, M.; TANRÉ, D. Influence de l'atmosphère en télédétection des ressources terrestres: modélisation et possibilités de correction. *Signatures spectrales d'objets en télédétection*, Colloque International, Avignon, p. 543-558, 1981.

DINGUIRARD, M.; SLATER, P. N. Calibration of space-multispectral imaging sensors: a review. *Remote Sensing of Environment*, v. 68, p. 194-205, 1999.

FRASER, R. S. Interaction mechanisms within the atmosphere. In: REAVES, R. G. (Ed.). *Manual of remote sensing*. Falls Church: American Society of Photogrammetry, 1975. p. 181-229.

GILABERT, M. A.; CONESE, C.; MASELLI, F. An atmospheric correction method for the automatic retrieval of surface reflectances from TM images. *International Journal of Remote Sensing*, v. 15, n. 10, p. 2065-2086, 1994.

HARRISON, A. W.; COOMBES, C. A. Angular distribution of clear sky short wavelength radiance. *Solar Energy*, v. 40, n. 1, p. 57-63, 1988.

HELENE, O. A. M.; VANIN, V. R. *Tratamento estatístico de dados em física experimental*. São Paulo: Edgard Blücher, 1981. 105 p.

INMETRO - INSTITUTO NACIONAL DE METROLOGIA, QUALIDADE E TECNOLOGIA. *Vocabulário internacional de metrologia*: conceitos fundamentais e gerais e termos associados. 1. ed. luso-brasileira. Duque de Caxias, 2012. 95 p.

LAMPARELLI, R. A. C.; PONZONI, F. J.; PELLEGRINO, G. Q.; ZULLO Jr., J.; ARNAUD, Y. Spectral characterization of the "Salar de Uyuni" (Bolívia) for orbital optic sensors calibration proposes. *IEEE Transactions on Geoscience and Remote Sensing*, v. 41, n. 6, p. 1461-1468, 2003.

MARTONCHIK, J. V.; BRUEGGE, C. J.; STRAHLER, A. A review of reflectance nomenclature used in remote sensing. *Remote Sensing Reviews*, v. 19, p. 9-20, 2000.

MENDES, A.; ROSÁRIO, P. P. *Metrologia e incerteza de medição*. São Paulo: EPSE, 2005. 128 p.

NICODEMUS, F. E.; RICHMOND, J. C.; HSIA, J. J.; GINSBERG, I. W.; LIMPERS, T. *Geometrical considerations and nomenclature for reflectance*. Washington, D.C.: U.S. Department of Commerce, 1977. 52 p. (NBS Monograph, 160).

PINTO, C. T. *Avaliação das incertezas na caracterização de superfícies de referência para calibração absoluta de sensores eletroópticos*. 2011. 167 f. Dissertação (Mestrado em Sensoriamento Remoto) – Instituto Nacional de Pesquisas Espaciais, São José dos Campos, 2011. Disponível em: <http://urlib.net/8JMKD3MGP7W/39E3LH2>. Acesso em: 5 fev. 2013.

PONZONI, F. J.; LAMPARELLI, R. A. C.; PELLEGRINO, G. Q.; ZULLO Jr., J. Evaluation of the Salar de Uyuni as radiometric calibration test site for satellite sensors. In: ISPRS CONGRESS, 19., July 16-23, 2000, Amsterdam. *International Archives of Photogrammetry and Remote Sensing*. 2000. v. XXXIII, Part B1, p. 231-238.

PRICE, J. C. Radiometric calibration of satellite sensors in the visible and near infrared: history and outlook. *Remote Sensing of Environment*, v. 22, p. 3-9, 1987.

SCHAEPMAN-STRUB, G.; SCHAEPMAN, M. E.; PAINTER, T. H.; DANGEL, S.; MARTONCHIK, J. V. Reflectance quantities in optical remote sensing: definitions and case studies. *Remote Sensing of Environment*, v. 103, n. 1, p. 27-42, 2006.

SCOTT, K. P.; THOME, K. J.; BROWNLEE, M. R. Evaluation of the Railroad Valley Playa for use in vicarious calibration. *Proceedings of the SPIE Conference*, v. 2818, p. 158-166, 1996.

SOUZA, P. E. U. *Calibração radiométrica da câmera CCD/CBERS-1*. 2003. 158f. Dissertação (Mestrado em Sensoriamento Remoto) – Instituto Nacional de Pesquisas Espaciais, São José dos Campos, 2003. INPE-10241-TDI/902.

STEFFEN, C. A.; LORENZETTI, J. A.; STECH, J. L.; SOUZA, R. C. M de. *Sensoriamento remoto*: princípios físicos; sensores e produtos e sistema Landsat. São José dos Campos: Inpe, 1981. INPE-2226-MD/013.

SWAIN, P. H.; DAVIS, S. M. *Remote sensing*: the quantitative approach. New York: McGraw-Hill, 1978. 396 p.

TANRÉ, D.; DEROO, C.; DUHAUT, P.; HERMAN, M.; MORCRETTE, J. J. Description of a computer code to simulate the satellite signal in the solar spectrum: the 5S code. *International Journal of Remote Sensing*, v. 11, n. 4, p. 659-668, 1990.

TEILLET, P. M.; BARKER, B. L.; MARKHAM, R. R.; IRISH, G.; FEDOSEJEVS, J. C.; STOREY, J. C. Radiometric cross-calibration of the Landsat-7 ETM+ and Landsat-5 TM sensors based on tandem data sets. *Remote Sensing of Environment*, v. 78, p. 39-54, 2001.

THOMALLA, E.; KÖPKE, P.; MÜLLER, H.; QUENZEL, H. Circumsolar radiation calculated for various atmospheric conditions. *Solar Energy*, v. 30, n. 6, p. 575-587, 1983.

THOME, K. J. Absolute radiometric calibration of Landsat 7 ETM+ using the reflectance-based method. *Remote Sensing of Environment*, v. 78, p. 27-38, 2001.

VUOLO, J. H. *Fundamentos da teoria de erros*. 2. ed. São Paulo: Edgard Blücher, 1996. 249 p.

VUOLO, J. H. Avaliação e expressão de incerteza em medição. *Revista Brasileira de Ensino de Física*, v. 21, n. 3, p. 350-358, 1999.

ZULLO Jr., J. *Correção atmosférica de imagens de satélite e aplicações*. 194 f. Tese (Doutorado) – DCA/FEE, Universidade Estadual de Campinas, Campinas, 1994.

ZULLO Jr., J.; GU, X.; GUYOT, G.; PINTO, H. S.; HAMADA, E.; ALMEIDA, C. A. S.; PELLEGRINO, G. Q. Estimativa do conteúdo de vapor d'água a partir da radiação solar direta. In: SIMPÓSIO BRASILEIRO DE SENSORIAMENTO REMOTO, 8., 14-19 abr., Salvador. *Anais...* São José dos Campos: Inpe, 1996. CD-ROM.